KB179013

엥겔만이 들려주는 광합성 이야기

엥겔만이 들려주는 광합성 이야기

ⓒ 이흥우, 2010

초 판 1쇄 발행일 | 2005년 7월 29일
개정판 1쇄 발행일 | 2010년 9월 1일
개정판 17쇄 발행일 | 2021년 5월 31일

지은이 | 이흥우
펴낸이 | 정은영
펴낸곳 | (주)자음과모음

출판등록 | 2001년 11월 28일 제2001-000259호
주   소 | 04047 서울시 마포구 양화로6길 49
전   화 | 편집부 (02)324-2347, 경영지원부 (02)325-6047
팩   스 | 편집부 (02)324-2348, 경영지원부 (02)2648-1311
e-mail | jamoteen@jamobook.com

ISBN 978-89-544-2040-2 (64400)

엥겔만이 들려주는

광합성 이야기

| 이흥우 지음 |

㈜자음과모음

엥겔만을 꿈꾸는 청소년들을 위한
'광합성' 이야기

숲은 인간에게 마음의 고향인 것 같습니다.

인간은 누구나 숲을 동경하기 때문입니다.

숲에 있는 나무 하나하나는

땅에 뿌리를 내리고 하늘로 가지를 뻗습니다.

그리고 하늘에서는 햇빛과 이산화탄소를, 땅에서는 물을 얻어 광합성을 합니다.

광합성은 생명의 근원입니다.

숲은 그래서 살아 있는 것들의 삶의 터전입니다.

그 속에 사는 식물과 동물, 그리고 미생물 모두 더불어 조화로운 삶을 꿈꿉니다.

가을 들판은 참 넉넉합니다.

녹색의 벼가 가득하던 들녘에는 어느새 황금빛 물결이 넘실거립니다.

그것은 광합성이 빚어낸 아름다운 한 폭의 그림입니다.

누구나 그 앞에서는 옷깃을 여미지 않을 수 없습니다.

그곳에는 우리의 생명을 이어 가게 하는 위대한 자연의 손길이 있기 때문입니다.

저는 이 책에서 자연이라는 커다란 틀 안에서 광합성을 이야기하려고 하였습니다. 자연과 식물과 인간이 함께 어우러진 삶을 그리고 싶었습니다. 그러면서도 학습에 도움이 되도록 욕심을 내었습니다. 아무쪼록 이 책을 읽는 여러분에게 자연을 바라보는 새로운 눈이 생겼으면 하는 소망을 가져 봅니다.

이 책은 광합성에 효율적인 파장을 연구한 것으로 유명한 엥겔만이 이야기하는 형식을 빌려서 쓰였습니다.

끝으로 이 책을 만드느라 수고한 ㈜자음과모음의 강병철 사장님과 직원 여러분의 노고에 깊은 감사를 드립니다.

이 흥 우

차례

고마워요, 광합성

햇빛은 지구에 사는 동식물에게 에너지를 줍니다.
햇빛의 고마움을 느끼며, 광합성에 대해 알아봅시다.

1

첫 번째 수업

고마워요, 광합성

엥겔만이 창밖을 바라보다가
첫 번째 수업을 시작했다.

　창밖을 보세요. 햇빛이
참 아름답네요. 세상에
햇빛이 없다면 어떨까요?
깜깜해져 아무것도 보이
지 않겠지요.

　햇빛은 세상을 밝게 비춰 줍니다. 햇빛
이 없다면 지구가 곧 차가워질 것입니다. 그리
고 모든 물은 얼어붙을 것입니다. 곧바로 암흑 속
에서 빙하기가 시작되겠죠.

햇빛은 이렇게 지구를 밝게 해 주고 지표면을 따뜻하게 데워 줍니다. 태양에서 지구로 날아오는 햇빛의 역할은 여기에서 그치지 않습니다.

햇빛 때문에 생물이 산다

햇빛에 실려 오는 에너지를 받아 식물이 자랍니다. 햇빛이 없으면 식물은 자라지 못할 뿐만 아니라 결국에는 죽고 맙니다. 그러면 식물만 햇빛이 필요할까요?

동물은 식물을 먹고 살아갑니다. 동물은 식물이 없으면 살아갈 수 없습니다. 그러므로 식물과 마찬가지로 동물도 햇빛이 없다면 살아갈 수 없는 것입니다. 눈에 보이지 않는 미생물도 마찬가지랍니다. 미생물이 이용하는 에너지도 햇빛에서 얻거나 식물과 동물로부터 얻기 때문입니다.

그러므로 지구상의 모든 생물에게 햇빛은 더없는 축복이랍니다. 아마도 햇빛은 우주가 지구의 생물에게 주는 가장 큰 선물이 아닌가 싶습니다. 그래서 햇빛을 생각하면 '사랑'이라는 단어가 생각납니다. 햇빛을 받으며 행복해하는 지구의 모든 식물들을 상상해 보세요. 지금 이 순간도 지구의 식물들

은 햇빛을 받으며 즐거워하고 있답니다.

태양은 자신을 불태우며 그 에너지를 햇빛에 실어서 지구로 보내 줍니다. 햇빛은 무려 1억 5,000만 km나 날아서 지구에 도착합니다. 지구에 도착한 햇빛은 식물에게 에너지를 줍니다. 식물은 그 에너지를 이용하여 자신에게 필요한 영양소를 합성합니다.

햇빛이 식물에게 주는 것은 에너지만이 아니랍니다. 식물이 살아가려면 에너지도 필요하지만 물도 필요합니다. 식물이 필요로 하는 물은 하늘에서 비로 내려옵니다. 그러면 물은 어떻게 하늘로 올라갈까요?

여러분도 다 알다시피 증발해서 올라가지요. 그런데 물이 증발하려면 에너지가 필요하답니다. 물 분자가 자기끼리의 인력을 끊고 공기 중으로 날아가려면 에너지가 필요한 것입니다. 그렇다면 그 에너지는 어디서 올까요?

햇빛이랍니다. 햇빛 덕분에 땅에서, 강에서, 호수에서, 바다에서 물이 에너지를 얻어 증발해서 하늘로 올라가 구름이 되고, 비가 되어 내리는 것이지요.

한편, 물은 식물의 뿌리로 흡수됩니다. 뿌리가 흡수한 물은 물관을 타고 잎까지 올라갑니다. 토양의 물이 잎까지 올라가는 것도 사실은 태양의 힘이 크게 작용한답니다. 왜냐하면

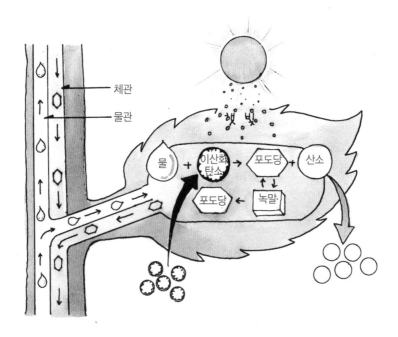

잎에서 물이 증발할 때 물이 뿌리에서 물관을 타고 올라가거든요. 그러므로 햇빛은 식물에게 에너지만 주는 것이 아니라 물도 준답니다.

광합성은 우리에게 '밥'을 만들어 준다

식물이 광합성을 할 때 햇빛과 물만 필요할까요? 무엇이 더 필요할까요?

＿이산화탄소입니다.

네, 맞아요. 탄소 원자 1개와 산소 원자 2개가 모여 만드는 분자, CO_2라고 쓰지요. 그렇다면 이산화탄소는 어디서 얻나요?

＿공기로부터 얻지요.

이산화탄소는 잎의 기공을 통해 식물에 흡수됩니다. 기공을 통해 흡수된 이산화탄소와 뿌리로부터 올라온 물을 원료로 하고, 햇빛을 통해 에너지를 얻어 포도당을 만드는 것입니다. 이것이 바로 광합성입니다.

이산화탄소＋물＋빛 에너지 → 포도당＋산소

우리가 먹는 밥은 녹말이 주성분입니다. 녹말은 광합성으로 생긴 포도당이 여러 개 연결되어 구성된 영양소랍니다. 그러니 식물은 이산화탄소, 물, 햇빛을 이용하여 우리가 먹는 '밥'을 만들어 주는 셈입니다. 여기서 햇빛의 고마움을 다시 한번 느끼게 됩니다. 결국 우리가 먹는 밥도 햇빛이 주는 셈이니까요. 말하자면 쌀밥에는 햇빛 에너지가 들어 있는 것입니다.

광합성은 우리에게 산소를 공급한다

광합성은 우리에게 '밥'을 공급해 줄 뿐만 아니라 숨을 쉴 때 필요한 산소를 공급해 줍니다. 식물의 엽록체가 햇빛을 받으면 광합성이 일어나 산소가 발생합니다. 이 산소는 우리가 숨을 쉴 때 몸에 들어온 후 세포로 간답니다. 세포로 간 산소는 세포에서 영양소를 분해하는 데 이용되고요, 물론 영양소가 분해되면 에너지가 나오지요.

포도당 + 산소 → 이산화탄소 + 물 + 에너지

이렇게 광합성은 우리에게 '밥'과 '산소'를 공급해 준답니다. 그러므로 광합성은 우리에게 생명을 이어 가게 해 주는 고마운 존재인 것입니다.

지구상에는 광합성을 하는 거대한 공장이 있는 것과 마찬가지랍니다. 연간 2,000여 억 t의 양분을 거저 합성해 주는 광합성 공장입니다. 이 공장의 굴뚝에서는 산소가 내뿜어집니다.

산소는 우리의 폐를 맑게 하고 세포에 들어가 에너지를 생성시키지요. 그러므로 광합성은 그야말로 무공해 공장이며, 수십억의 인구와 지구상의 뭇 생물들이 생명을 이어 가는 데 필요한 제품을 만드는 공장이랍니다.

우리는 햇빛에게 고마워해야 합니다. 또한, 식물에게도 감사해야 합니다. 햇빛이 아무리 내리쬐어도 식물이 광합성을 하지 않는다면 우리가 살아갈 도리가 없으니까요. 그러므로 우리는 길가의 풀 한 포기라도 소중하게 여겨야 하는 것입니다. 이러한 생각을 하다 보면 우리가 하루하루 일용할 양식을 먹으며 살아가는 것이 결코 우리의 힘만으로 되는 일이 아니라는 사실을 깨닫게 됩니다. 그래서 우리는 식탁에 앉을 때마다 햇빛과 식물, 그리고 식물을 가꾸느라 땀을 흘린 농부님들에게 감사한 마음을 가져야 하는 거랍니다.

광합성 발견의 역사

식물이 광합성을 한다는 것을 지금은 우리 모두 알고 있지만, 옛날에는 알기가 쉽지 않았답니다. 눈에 보이지 않는 식물 안에서 일어나는 일을 알아내기가 어려웠던 것입니다. 지금 우리가 알고 있는 광합성에 대한 지식은 많은 학자들이 평생을 바쳐 연구한 것들이랍니다. -

광합성 발견의 역사에 처음 나오는 사람은 헬몬트(Jan Baptista van Helmont, 1579~1644)라는 학자입니다. 헬몬트는 화분에 식물을 심은 후 물만 주면서 버드나무를 길렀습니다. 식물을 심은 지 5년이 지난 다음 버드나무와 흙의 무게 변화를 측정하였습니다.

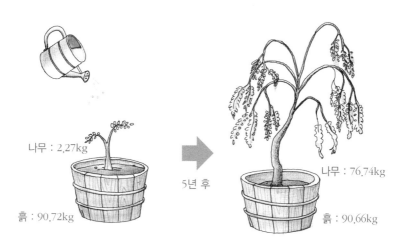

나무 : 2.27kg

흙 : 90.72kg

5년 후

나무 : 76.74kg

흙 : 90.66kg

구분 \ 기간	처음	5년 후	차이
버드나무	2.27	76.74	74.47
흙	90.72	90.66	0.06

(단위 : kg)

실험 결과 토양이 감소된 것보다 버드나무의 무게가 훨씬 증가했다는 것을 알았습니다. 이를 본 헬몬트는 식물이 흙으로부터 먹이를 얻는 것이 아니라 물을 먹고 자란다고 생각하였답니다. 흙의 감소량이 버드나무의 증가량에 비해 너무 적었기 때문이었습니다. 만일 식물이 흙만 먹고 자란다면 버드나무가 무거워진 만큼 흙의 무게는 감소했을 것입니다. 이 실험을 통해 헬몬트가 광합성을 알아낸 것은 아니지만, 식물이 '물을 먹고 자란다'는 아주 의미 있는 발견을 하였습니다.

1667년 훅(Robert Hooke, 1635~1703)은 동물뿐만 아니라 식물도 공기가 없으면 살아갈 수 없다는 것을 증명하였습니다. 그는 진공 상태에서는 싹이 트지 않는 것을 보여 줌으로써 자신의 주장을 입증하였습니다.

1772년 프리스틀리(Joseph Priestley, 1733~1804)는 다음과 같은 실험을 했답니다. 유리종에 촛불을 켜 놓았더니 촛불이

꺼졌습니다. 이것을 보고 그는 불타는 양초가 공기를 상하게 하여 촛불이 꺼진다고 생각하였습니다. 그리고 상한 공기가 들어 있는 유리종 안에 쥐를 넣었더니 쥐가 죽는 것을 보았습니다. 또한, 그는 상한 공기에 식물을 넣어 놓으면 상한 공기가 다시 회복되는 것을 알았습니다.

그리고 유리종에 쥐와 식물을 각각 넣었을 때는 쥐와 식물이 모두 죽었지만, 쥐와 식물을 함께 넣어 두면 신기하게도 둘 다 죽지 않고 사는 것을 볼 수 있었죠. 이를 본 프리스틀리는 동물의 호흡으로 오염된 공기가 식물에 의해 정화된다고 추측하였습니다.

어째서 쥐와 식물을 같이 넣으면 안 죽고 살 수 있는지 생각해 보세요. 식물에서 산소가 나오고 동물에서 이산화탄소가 나왔기 때문이죠. 산소는 쥐를 살 수 있게 하고, 이산화탄소는 식물의 광합성 원료가 된 것이죠. 지금은 다 알고 있는 사실이지만 그때는 이 모든 일이 신기한 일이었습니다.

프리스틀리의 실험 뒤 잉엔하우스(Jan Ingenhousz, 1730~1799)라는 과학자가 프리스틀리의 실험을 바탕으로 다음과 같은 실험을 하였습니다. 즉, 유리종을 2개 준비하여 그림과 같이 쥐와 식물을 넣습니다. 그런 다음 1개는 햇빛이 비치는 곳에 두고, 다른 1개는 어두운 곳에 두었습니다.

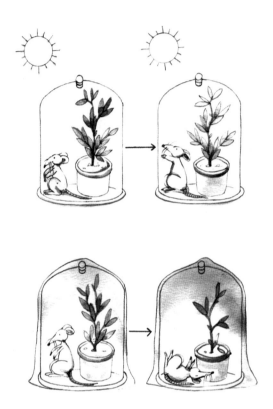

그 결과 빛이 있을 때만 식물과 동물이 살 수 있다는 것을
알게 되었습니다. 즉, 프리스틀리의 실험은 반드시 빛을 쪼
여 줄 때만 가능하다는 것을 알았습니다. 이 실험으로 햇빛
과 식물의 관계를 어느 정도 알게 되었지요.

잉엔하우스는 녹색 식물이 빛이 없는 밤에는 이산화탄소를
방출하고 빛이 있을 때는 흡수하는 것을 증명하였습니다. 그

래서 이산화탄소가 영양소를 합성하는 원료가 된다고 보았던 거죠.

그 후, 1782년 제네비어(Jean Senebier, 1742~1809)에 의해 이산화탄소와 물을 이용하여 포도당 같은 탄수화물을 만드는 데 열이 아니라 빛이 필요하다는 것도 입증되었답니다.

그리고 1804년 소쉬르(Nicolas Saussure, 1767~1845)라는 과학자에 의해 광합성의 원료가 이산화탄소뿐만 아니라 물도 포함된다는 것이 알려지게 되었지요. 즉, '식물은 공기와 물을 먹고 산다'는 사실이 널리 받아들여지게 되었답니다.

광합성은 이렇게 여러 과학자의 실험을 거쳐 증명되었습니다.

여기서 우리는 한 가지를 깨닫게 됩니다. 광합성이 무엇인지 밝혀져 온 것처럼, 한 과학자가 어떤 사실을 발견하면 다른 과학자가 그것을 바탕으로 다른 사실을 발견하고, 또 다른 과학자가 이를 바탕으로 새로운 사실을 발견하는 식으로 과학이 발전한다는 것입니다. 그러므로 여러분은 열심히 공부하여 이미 밝혀진 사실을 잘 익히기 바랍니다. 그리고 이를 바탕으로 새로운 과학적 지식을 발견하길 바랍니다. 그래서 여러분의 발견이 과학 발전에 기여하게 되었으면 합니다.

과학자의 비밀노트
엥겔만 이전의 광합성 연구의 역사

연도(년)	인 물	내 용
1648	헬몬트	사후 아들에 의해 출간된 책에서, 식물은 흙에서 양분을 얻어 자라는 것만이 아니라, 단지 물만으로도 자랄 수 있다고 결론 내렸다.
1772	프리스틀리	실험을 통해 녹색 색물은 동물에 의해 오염된 공기 속에서 잘 자라고 오염된 공기를 맑은 공기로 바꿀 수 있다고 추론하였다.
1779	잉엔하우스	실험을 통해 녹색 식물은 햇빛이 비칠 때만 산소를 내보낸다는 사실을 발견하였다.
1782	제네비어	녹색 식물에 빛을 비추면 이산화탄소가 흡수된다는 사실을 발견하였다.
1804	소쉬르	광합성에 이산화탄소와 함께 물이 필요하다는 사실을 발견하였다.
1862	메이어	식물이 받아들이는 빛에너지는 화학 에너지로 변하여 화합물 속에 저장된다는 사실을 발견하였다.
1864	작스	광합성 결과 산소뿐 아니라 녹말도 생성됨을 밝혔다.

선생님, 식물이 광합성을 할 때 햇빛과 물만 필요한가요?

하나 더 있어요. 탄소 원자 1개와 산소 원자 2개가 모여 만드는 분자인 이산화탄소(CO_2)도 필요해요.

그렇군요. 그러면 이산화탄소는 어디서 얻나요?

공기로부터 얻어요. 이산화탄소는 잎의 기공을 통해 식물에 흡수되지요.

식물은 기공을 통해 흡수된 이산화탄소와 뿌리로부터 올라온 물을 원료로 해서, 햇빛을 통해 에너지를 얻어 포도당을 만드는 광합성을 하지요.

그렇군요.

우리가 먹는 밥은 광합성으로 생긴 포도당이 여러 개 연결되어 구성된 영양소인 녹말이 주성분이에요.

그러니까 식물은 이산화탄소, 물, 햇빛을 이용해서 우리가 먹는 '밥'을 만들어 주는 셈이네요.

또 엽록소가 햇볕을 받으면 물이 분해돼서 산소가 발생하는데, 이 산소는 우리가 숨 쉴 때 몸에 들어온 후 세포로 가지요.

세포로 간 산소는 어떤 구실을 하나요?

세포에서 영양소를 분해하는 데 이용되고, 영양소가 분해되면 에너지가 나오지요. 이렇게 광합성은 우리에게 먹을거리와 산소를 공급해 주는 고마운 존재예요.

광합성이 사람이 생명을 이어 가게 해 주는군요.

2

에너지가 필요해요

무질서의 상태를 질서 있는 상태로 만들려면 에너지가 필요합니다.
광합성과 에너지가 어떤 힘으로 작용하는지 알아봅시다.

2

두 번째 수업

에너지가 필요해요

엥겔만이 바둑알이 놓인 상자를
탁자 위에 놓고
두 번째 수업을 시작했다.

　여기 상자 바닥에는 바둑알 100개가 있습니다. 50개는 검
정이고, 나머지 50개는 하양입니다. 한쪽에는 검정 바둑알이
모여 있고, 다른 편에는 하양 바둑알이 모여 있습니다.

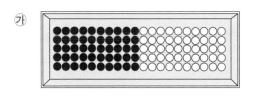

　상자를 흔들어 보겠습니다. 두 색깔의 바둑알은 점점 섞입
니다.

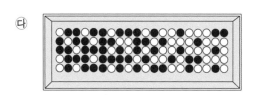

시간이 갈수록 두 색깔은 점점 더 서로 뒤섞이죠?

자, 그러면 두 색깔의 바둑알이 ㉻처럼 뒤섞인 상태에서 계속 흔들면 ㉯와 같은 상태를 거쳐서 ㉮ 상태로 되돌아갈 수 있을까요?

거의 불가능하다고 보는 것이 옳을 겁니다. 바둑알의 숫자가 많아질수록 그 확률은 더 줄어들게 됩니다. 그렇다면 ㉻의 상태를 다시 ㉮의 상태로 되돌리려면 어떻게 해야 하나요? 통이 계속 흔들리고 있는 상태에서 말입니다. 답은 하나이지요. 바둑알을 하나하나 빠른 속도로 집어서 다시 정렬하면 됩니다. 만일 정렬하다 멈추면 다시 원래대로 뒤섞일 것입니다.

뒤섞인 바둑알을 다시 정렬하려면 힘이 듭니다. 즉, 에너지가 필요합니다. ㉮의 상태는 질서가 있는 상태입니다. ㉯의 상태는 ㉰보다 질서가 있는 편이지요. ㉰ 상태는 무질서 상태라고 할 수 있습니다.

무질서 상태를 질서의 상태로 만들려면 에너지가 필요하다

무질서 상태를 질서 상태로 바꾸려면 의도적인 노력이 있어야 하지요. 즉, 이러이러하게 질서를 잡아야겠다는 의도를 가지고 에너지를 들여 다시 정렬하여야 합니다.

어질러 놓은 것을 다시 정렬하려면 힘이 든다.

이 말을 좀 유식한 말로 다시 말해 볼게요.

무질서 상태를 질서 상태로 만들려면 에너지가 필요하다.

우주는 점점 무질서해진답니다. 이것은 우리가 진리로 여기는 사실입니다. 쌓아 놓은 담장은 세월이 가면 허물어지고, 물속에 떨어진 잉크 방울은 점점 물속으로 퍼져 나갑니다. 하지만 허물어진 담장은 결코 스스로 다시 쌓아지는 법이 없고, 물속을 퍼져 나간 잉크는 결코 다시 모이지 않습니다. 담장을 다시 쌓거나 잉크를 다시 모으려면 반드시 에너지가 필요한 것입니다. 기억해 두세요.

모든 것은 점점 무질서해진다.
무질서 상태를 질서의 상태로 만들려면 에너지가 필요하다.

광합성은 무질서에서 질서를 창조하는 것이다

여러분, 어리둥절하지요? 광합성 이야기는 안 하고 질서니 무질서니 하는 어려운 이야기만 하고 있으니 말입니다. 하지만 지금까지 한 이야기는 바로 광합성에 관한 이야기랍니다.

지난 시간에 광합성이란 이산화탄소와 물을 이용하여 포도당을 만드는 과정이라고 했습니다. 그리고 이산화탄소는 1개의 탄소 원자(C)와 2개의 산소 원자(O)로 구성되어 있다고 했습니다. 그래서 CO_2라고 쓰지요. 포도당은 6개의 탄소와 12개의 수소, 6개의 산소로 만들어집니다. 그래서 $C_6H_{12}O_6$이라고 쓰지요.

포도당의 탄소는 오른쪽 그림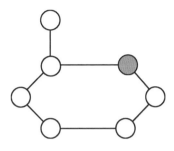
과 같이 연결되어 있답니다. 그
림에서 흰색 원이 탄소를 나타내
고, 검은색 원이 산소를 나타냅
니다. 그리고 점 사이를 연결한
선은 탄소끼리 결합되어 있음을 나타냅니다. 물론 나머지 산
소와 수소는 생략한 상태입니다.

자, 다음 그림의 ㉮와 같이 이산화탄소와 산소가 있다고
합시다. 이것들을 이용하여 포도당을 만든다고 합시다.

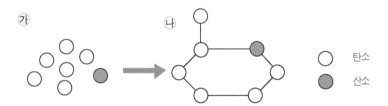

어느 쪽이 더 질서가 있어 보이나요? ㉮보다 ㉯가 더 질서
가 있지요? 아까 무질서한 상태를 질서가 있는 상태로 만들
려면 에너지가 필요하다고 그랬지요? ㉮를 ㉯처럼 만들려면
에너지가 필요하답니다. 6개의 이산화탄소를 이용하여 포도
당을 만들 때 에너지가 필요한 것이랍니다. 이는 마치 흩어

져 있는 블록 장난감을 조립하는 데 에너지가 필요한 것과 마찬가지입니다.

지금까지 산소나 수소를 이야기하지 않고 탄소만 이야기한 것은 탄소가 포도당의 골격을 이루기 때문이랍니다. 사람 몸으로 말하자면 뼈의 구실을 한다는 거지요. 각 6개의 탄소에 산소와 수소가 붙어 포도당을 이루는 것입니다.

자, 이처럼 식물이 이산화탄소를 이용하여 포도당을 만드는 일은 무질서에서 질서를 창조하는 것과 마찬가지랍니다. 광합성이 에너지를 필요로 하는 것은 무질서에서 질서를 창조할 때 에너지가 필요하기 때문입니다. 광합성에 에너지가 필요하다면 그 에너지는 어디서 올까요?

—햇빛입니다!

그렇습니다. 햇빛이 바로 에너지를 공급해 준답니다.

한편, 우리 몸의 세포에서 포도당을 분해하면 이산화탄소가 나오고 이때 에너지가 생깁니다. 앞의 그림의 반대라고 할 수 있지요.

그러고 보니 우리가 밥을 먹어 에너지를 내는 것도 질서가 있는 포도당을 무질서한 이산화탄소의 상태로 만드는 것이라고 할 수 있네요. 어렵나요? 어질러진 여러분의 방을 정리하면서 한번 생각해 보세요.

탄소는 탄수화물의 뼈대

여러분도 이미 알고 있듯이 C는 탄소를 나타내는 원소 기호입니다. 탄소는 탄수화물의 중요한 성분입니다. 광합성으로 생기는 탄수화물에 대해 알려면 먼저 탄소에 대해 알아보는 것이 좋습니다.

포도당, 엿당, 설탕, 녹말 등을 탄수화물이라고 한답니다.

탄수화물은 탄소, 수소, 산소로 구성되어 있습니다. 탄수화물이 무엇인지를 이해하려면 탄소에 대해 알아야 합니다. 탄소가 중요한 것은 탄수화물에 국한되지 않습니다. 탄소는 진정한 생물체의 뼈대라 할 수 있습니다. 탄수화물, 지방, 단백질의 뼈대를 이루는 것이 바로 탄소이기 때문입니다.

그렇다면 왜 탄소가 생명체를 이루는 뼈대로 화려하게 등장할 수 있었을까요? 탄소는 다른 원자를 잡을 수 있는 '팔'이 4개이기 때문입니다. 여기서 '팔'이란 결합을 의미합니다. 반면에 산소는 2개, 수소는 1개, 질소는 3개의 팔을 갖는답니다. 자, 다음 그림을 보세요.

나사가 양쪽에 2개씩 있는 관은 일렬로밖에 이을 수 없습니다. 하지만 네 방향으로 나사가 있는 관을 생각해 봅시다. 여러 가지 장치를 이어 갈 수 있겠죠? 탄소는 다른 원자를 붙

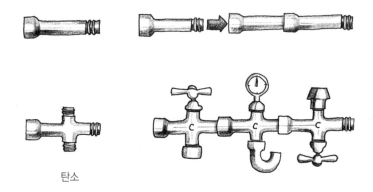

탄소

잡을 수 있는 팔이 4개이므로 네 방향으로 나사가 있는 관에 비유할 수 있습니다.

아래의 그림은 탄소가 팔을 벌려서 수소를 붙잡은 그림입니다. 이 화합물의 이름이 메탄이랍니다. 쓰레기장이나 분뇨 처리장에서 많이 발생하는 가스이지요. 메탄은 불타면서 에너지를 냅니다.

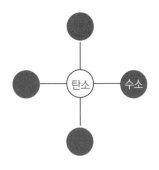

이번에는 탄소 2개가 서로 마주 잡은 화합물을 생각해 봅시다.

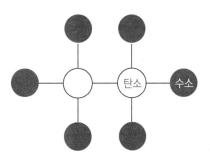

이 화합물은 에탄입니다. 가운데 결합은 서로 마주 잡았으므로 선이 하나로 표현된답니다.

과학자의 비밀노트

젖소의 방귀와 온실 효과

젖소의 방귀에는 메탄이 많이 포함되어 있어, 젖소가 방귀를 내보내면 메탄이 하늘로 올라가 이산화탄소처럼 온실 효과를 낸다. 젖소 한 마리가 연간 배출하는 메탄의 양은 40~50kg에 달하는 것으로 추정된다. 메탄은 같은 양의 이산화탄소와 비교할 때 온실 효과가 23배 높으며, 소 한 마리가 배출하는 메탄의 온실 효과는 연간 2만 km를 주행하는 승용차에서 나오는 이산화탄소에 의한 온실 효과의 75%에 해당한다. 그래서 뉴질랜드 정부가 가축 수에 따라 '방귀세'를 부과하겠다는 내용이 해외 토픽에 나온 적이 있다. 결국 방귀세는 없던 일로 했지만, 뉴질랜드 정부의 시도가 전혀 터무니없다고만 할 수는 없는 것 같다.

이번에는 탄소 4개가 10개의 수소를 붙잡고 있는 화합물을 그려 볼까요?

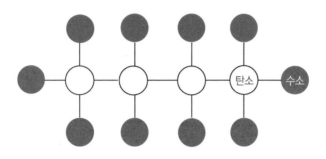

이 화합물의 이름은 부탄입니다. 부탄가스라는 말을 들어 보았죠? 가스버너에 넣는 가스로 널리 이용되지요.

이렇게 연결될 수도 있지요. 이 화합물을 이소부탄(아이소 뷰테인)이라고 한답니다.

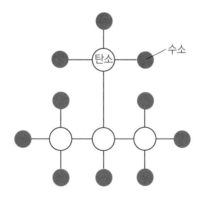

이처럼 탄소는 팔을 벌려서 많은 수소를 잡고 있을 수 있습니다. 그리고 탄소가 수소를 놓을 때 에너지가 나오는데, 아무 때나 팔을 놓는 게 아니라 산소를 만났을 때 수소를 놓고 산소를 대신 붙잡는 거랍니다. 그래서 부탄가스가 타면 물과 이산화탄소가 나온답니다.

이산화탄소란 탄소 하나가 팔을 벌려 산소 2개를 잡고 있는 물질입니다. 다음과 같이 탄소와 산소가 두 팔을 마주 잡고 있습니다.

포도당은 탄소 뼈대에 산소나 수소가 결합된 것

그럼 우리가 알아보려는 포도당은 어떨까요? 역시 탄소가 포도당의 뼈대랍니다. 그림을 볼까요? 포도당은 탄소가 6개, 수소가 12개, 산소가 6개인 화합물이랍니다.

다음 그림에서 6개의 탄소가 보이지요. 6개의 탄소가 나머

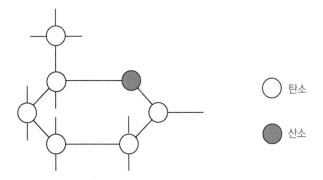

○ 탄소

● 산소

지 팔을 벌려서 수소, 또는 산소를 붙잡고 있습니다. 다 그리면 너무 복잡할 것 같아 탄소만 그렸답니다. 아무것도 붙어 있지 않은 팔에 산소나 수소가 붙어 있다고 상상하고 보세요.

광합성은 이산화탄소와 물로 포도당을 만드는 일이라는 사실을 여러분은 이미 알고 있을 것입니다. 즉 광합성이란 포도당의 그림에서 보듯 탄소끼리 연결하고 또 탄소가 나머지 팔을 벌려 수소나 산소를 붙잡게 하는 것이랍니다. 이렇게 연결하고 붙잡도록 하는 데 에너지가 필요한 것이죠. 지난번에 이야기한 것처럼 더 복잡한 질서를 만들 때는 에너지가 필요합니다. 이렇게 탄소가 서로 연결되도록 하고 수소를 붙잡도록 하는 데 필요한 에너지를 바로 태양이 주는 거랍니다. 흔히 광합성 결과 포도당이 생긴다고 합니다. 잘 이해해 두세요.

포도당은 뼈대를 이루는 탄소 6개가 팔을 벌려 수소나 산소를 잡고 있는 것이다. 이렇게 하는 데 에너지가 필요하며, 이 에너지는 태양으로부터 온다.

엿당과 녹말은 포도당으로 구성

그렇다면 엿당이란 무엇일까요? 포도당이 2개 연결된 것입니다.

밥, 빵, 감자, 고구마 등에 많이 들어 있는 녹말은 엿당이 많이 연결된 것이랍니다.

설탕은 포도당과 과당의 결합

우리가 흔히 먹는 설탕은 포도
당 1개에 과당 1개가 결합된 것
입니다. 과당이란 포도당과 마찬
가지로 탄소 6개와 수소 12개,
산소 6개로 구성되어 있습니다. 다만

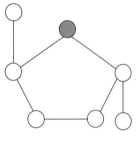

탄소가 서로 붙잡고 있는 모습이 다르답니다.

포도당은 6각형의 모습으로 보이는 반면, 과당은 5각형의
모습으로 보입니다. 과당을 구성하는 탄소의 나머지 팔은 산
소나 수소를 붙잡고 있습니다. 그러면 설탕의 모습을 그려 볼
까요? 설탕은 포도당 1개, 과당 1개가 결합된 것이라고 했죠?

포도당이나 과당은 나머지 설탕, 엿당, 녹말 등을 만드는
기본 재료가 됩니다. 그래서 광합성에서는 포도당을 우선 만
든 다음 녹말을 만드는 것이지요.

탄수화물은 탄소 뼈대에 수소나 산소가 결합된 것

탄수화물이란 무엇일까요? 탄소와 탄소가 서로 마주 잡은 다음 나머지 팔로 수소나 산소를 붙잡고 있는 화합물입니다. 그래서 포도당, 과당, 엿당, 설탕, 녹말 모두 탄수화물에 포함됩니다. 탄수화물에는 산소가 포함되어 있습니다. 포도당이나 과당은 탄소, 수소, 산소의 비가 1 : 2 : 1의 비율로 연결되어 있습니다. 앞에서 말한 메탄이나 부탄은 산소를 포함하고 있지 않습니다. 이런 물질들은 탄수화물이라 하지 않습니다.

탄수화물은 우리 몸에서 에너지로 이용되고, 다른 온갖 물질을 만드는 재료가 됩니다. 마치 조립식 완구를 가지고 여러 가지 모양을 만들 수 있듯이 탄소가 여러 가지 방법으로 산소, 수소, 질소 등을 붙잡음으로써 여러 가지 물질을 다시 합성해 내는 원료가 되는 것입니다.

지금까지 말한 탄수화물에 대한 내용은 매우 중요합니다. 몇 번 읽어서 잘 익혀 두면 생물 공부를 하는 데 크게 도움이 될 것입니다. 이 정도면 여러분은 친구들을 가르쳐 줄 수 있을 만큼 탄수화물에 대해 많이 알고 있는 거랍니다.

선생님, 우리 몸에서 에너지로 이용되고, 다른 온갖 물질을 만드는 재료가 되는 것이 탄수화물인가요?

네. 탄소와 탄소가 서로 마주 잡은 다음 수소나 산소를 붙잡고 있는 화합물이지요. 포도당, 과당, 엿당, 설탕, 녹말 모두 탄수화물에 포함되지요.

그런데 탄수화물, 지방, 단백질의 뼈대를 이루는 것이 바로 탄소이기 때문에 탄수화물을 이해하려면 탄소에 대해 알아야 해요.

탄소가 진정한 생물체의 뼈대란 말이군요.

그런데 왜 탄소가 생명체를 이루는 뼈대가 된 건가요?

그건 탄소가 다른 원자와 결합할 수 있는 '팔'이 4개이기 때문이죠. 반면에 산소는 2개, 수소는 1개, 질소는 3개의 팔을 갖지요.

예를 들면 네 방향으로 나사가 있는 관은 여러 가지 장치를 이어 갈 수 있는 것처럼 탄소를 네 방향으로 나사가 있는 관에 비유할 수 있어요.

아, 알겠어요.

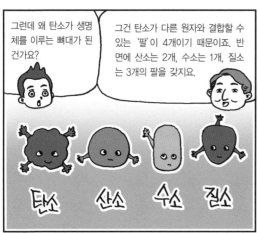

이 화합물의 이름은 메탄이고 쓰레기장이나 분뇨 처리장에서 많이 발생하는 가스예요. 메탄은 불타면서 에너지를 내지요.

그럼 포도당은 어떤가요?

역시 탄소가 포도당의 뼈대지요. 포도당은 탄소가 6개, 수소가 12개, 산소가 6개인 화합물이에요.

그렇군요.

3

빛을 모으는
안테나가 있어요

'빛을 모으는 안테나' 라 불리는 엽록소의 기능을 알아봅시다.
또 광합성이 잘되는 색은 무엇인지 알아봅시다.

3

세 번째 수업

빛을 모으는 안테나가 있어요

교과연계

초등 과학 4-1	3. 식물의 한살이
초등 과학 4-2	1. 식물의 세계
초등 과학 5-1	7. 식물의 잎이 하는 일
중등 과학 1	6. 식물의 영양
중등 과학 2	4. 식물의 구조와 기능
고등 생물II	2. 물질 대사

엥겔만이
오늘 공부할 주제를 이야기하며
세 번째 수업을 시작했다.

이번 시간에는 엽록체에 대해 이야기하겠습니다. 지금부터 이야기하는 내용은 광합성 학습에 직접적으로 관련이 있는 것이므로, 한 번 읽고 말 것이 아니라 잘 기억해 두어야 합니다.

엽록체 – 광합성 기계

지난 시간에 지구에는 거대한 '광합성 공장'이 있다고 했습니다. 그런데 광합성 공장은 수많은 작은 공장들로 구성되어 있습니다. 무엇이 작은 공장일까요?

하나하나의 식물이 바로 작은 공장이랍니다. 그리고 각 식물에는 광합성 기계가 있으니, 그 기계가 바로 엽록체입니다. 엽록체라는 기계에 이산화탄소와 물이 들어가면 포도당과 산소가 만들어지는 것이죠.

여러분은 광합성 결과 녹말이 만들어진다고 배웠을지 모릅니다. 그것도 맞는 말입니다. 왜냐하면 포도당이 모여 녹말이 생기니까요. 포도당을 우선 만들어서 녹말로 저장하는 것이랍니다.

우선 엽록체의 생김새를 한번 살펴보도록 해요. 생물에서 생김새가 중요한 이유는 하는 일과 생김새가 아주 깊은 관계가 있기 때문이랍니다. 우리 몸의 각 기관뿐만 아니라 세포 안에 있는 작은 기관도 마찬가지입니다.

엽록체는 럭비공처럼 기다랗게 생겼습니다. 크기는 $5\mu m$(마이크로미터) 정도($1\mu m = \dfrac{1}{1000}$ mm)랍니다. 광학 현미경으로 보면 작은 알갱이처럼 보이지요. 하나의 세포 안에 보통 수십 개의 엽록체가 들어 있습니다.

엽록체는 2겹의 막으로 쌓여 있습니다. 세포에는 2겹의 막을 가진 기관이 있는데 핵, 엽록체, 미토콘드리아랍니다. 셋

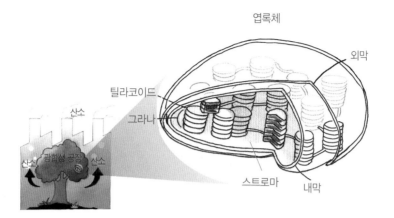

엽록체
외막
틸라코이드
그라나
산소
산소
광합성 공장
산소
스트로마
내막

다 아주 중요한 기관이라는 공통점이 있지요. 미토콘드리아
에 대해서는 나중에 다시 이야기할 겁니다.

2겹의 막을 지나 안으로 들어가 봅시다. 마치 동전처럼 쌓
여 있는 것들이 보이지요? 동전처럼 보이는 것 하나하나를
틸라코이드라고 부르고, 틸라코이드가 쌓여 있는 구조를 그
라나라고 한답니다.

틸라코이드는 막으로 싸인 주머니나 마찬가지인데 안쪽에
는 액체 성분이 차 있습니다. 세포막, 엽록체 막, 틸라코이드
막의 기본 구조는 모두 같습니다. 그리고 엽록체의 안쪽 막
과 그라나 사이의 공간은 스트로마라고 부르는데, 역시 액체
성분으로 차 있습니다.

엽록소가 빛을 받아들인다

광합성에는 빛이 필요하다고 했습니다. 그렇다면 엽록체는 빛을 어떻게 받아들일까요? 그렇습니다. 엽록체 안에 있는 초록의 색소인 엽록소가 빛을 받아들입니다.

내가 엽록소를 말하면서 이렇게 감격하는 것은 엽록소의 위대함 때문이랍니다. 왜냐고요? 생각해 보세요. 우리 몸이 생활하는 데 필요한 에너지는 모두 엽록소가 받아들인 햇빛에서 오기 때문입니다. 그래서 엽록소는 우리 생물계의 창문과도 같은 존재입니다. 생물로 들어오는 에너지는 모두 엽록소라는 창문을 통해 들어오는 거지요.

그러면 엽록소는 어디에 있을까요? 앞에서 동전처럼 보이는 것 하나하나를 틸라코이드라고 했지요? 틸라코이드의 막에 빛을 받아들이는 엽록소가 있습니다.

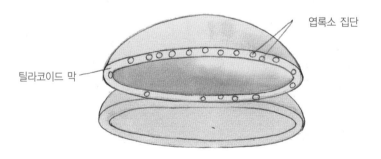

엽록소 집단

틸라코이드 막

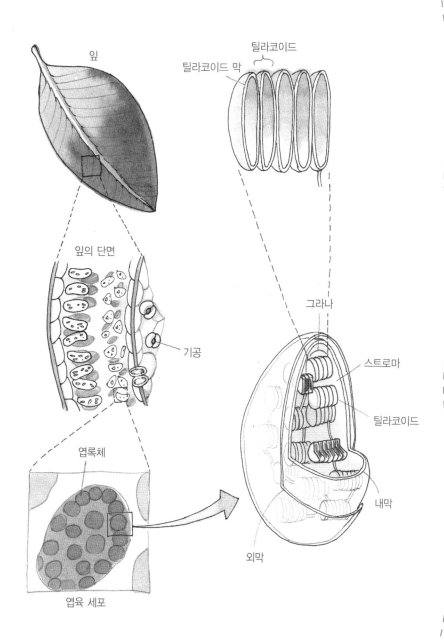

틸라코이드

틸라코이드 막

잎

잎의 단면

기공

그라나

스트로마

틸라코이드

내막

엽록체

외막

엽육 세포

엽록체 안에 엽록소가 있다는 것을 혼동하지 마세요. 이름이 비슷하여 혼동하는 친구가 많거든요. 엽록체라는 광합성 기계에서 빛을 받아들이는 장치가 엽록소인 셈이지요.

그런데 엽록소는 한 개씩 떨어져 있는 것이 아니랍니다. 보통 200~300개가 집단으로 모여 있습니다. 엽록소가 모여 있는 까닭이 있습니다. 마치 안테나처럼 모아서 광합성에 이용하기 위해서랍니다. 그래서 이렇게 엽록소가 모여 있는 것을 '빛을 모으는 안테나(광 수확 안테나)'라고 부른답니다. 마치 안테나가 전파를 모아 주는 것과 같이 햇빛 에너지를 모은다

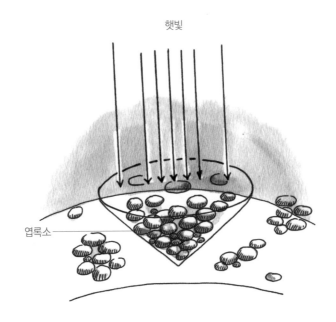

햇빛

엽록소

과학자의 비밀노트

단풍이 드는 이유

엽록소는 기온에 민감한데, 가을이 되어 기온이 내려가면 엽록소가 파괴되어 분해되므로 엽록체에 남아 있는 카로틴과 잔토필(노란색을 나타내는 색소)의 양에 의해 붉은색과 노란색 등 다양한 색의 단풍이 들게 된다. 특히 단풍나무에서는 광합성을 통해 만들어진 당이 분해되어 안토시아닌이라는 붉은색의 색소가 만들어지면서 붉은 단풍을 볼 수 있다.

는 의미이지요. 안테나가 틸라코이드 막에 죽 박혀 있어서 햇빛 에너지를 모은답니다.

빛 에너지를 모으는 방법은 하나의 엽록소가 빛 에너지를 받으면 이것을 이웃하는 엽록소에 전달하고, 차례로 다음 엽록소에 전달하여 릴레이식으로 한곳에 에너지를 모으는 것입니다.

그런데 여기서 궁금한 점이 있을 겁니다. 빛 에너지를 모으면 빛이 어떻게 변하는가에 대한 의문입니다. 햇빛을 받듯이 손바닥을 펴 보세요. 손바닥이 따뜻해지죠? 빛 에너시가 열에너지로 바뀌었기 때문입니다. 햇빛이 엽록소에 닿으면 열에너지도 생기지만 엽록소에 붙잡힌 빛 에너지는 화학 에너지 형태로 바뀐답니다.

화학 에너지란 무엇일까요? 예를 들어 과자를 태우면 열에너지가 나오지요? 과자가 가진 화학 에너지가 열에너지로 바뀌기 때문입니다. 즉, 과자에 들어 있던 영양소, 그 안에 들어 있던 에너지, 바로 화학 에너지입니다.

빛은 전자기파의 일종

먼저 우리가 보는 빛이 무언가에 대해 잠깐 생각해 봅시다. 이것은 생물적이 아닌 물상적인 이야기이지요.

전자기파라는 것이 있습니다. 우리가 흔히 듣는 자외선, 빛, 라디오파, X선 등이 다 전자기파에 해당하지요. 그런데 이 전자기파에는 여러 가지 파장이 있어요. 파장이란 다음 그림처럼 전자기파가 파동을 그리며 나갈 때 골과 골 사이, 혹은 마루와 마루 사이를 말하지요.

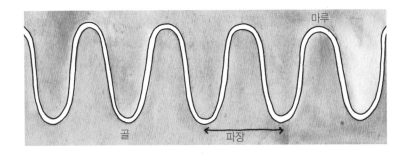

이 파장의 길이에 따라 전자기파를 여러 가지로 나눈답니다. 감마선, X선, 자외선, 가시광선, 적외선, 마이크로파, 라디오파 등이 그것이지요. 이런 이름들이 모두 전자기파의 한 종류로서 파장의 길이에 따라 구분됩니다.

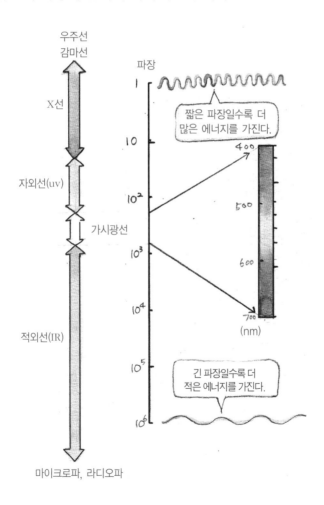

그중에서 사람이 볼 수 있는 전자기파, 즉 가시광선은 파장의 길이가 약 400~700nm(나노미터) 정도랍니다. 파장은 워낙 작기 때문에 nm($\frac{1}{1,000,000}$ mm)라는 단위를 쓰지요. 가시광선이란 '볼 수 있는 빛'이라는 의미입니다. 우리가 보통 '빛'이라고 말하는 것이 바로 가시광선이랍니다. 사람의 눈으로는 자외선, 적외선, 혹은 X선이나 마이크로파 같은 것은 볼 수 없답니다. 즉 사람의 눈에 아무리 적외선을 쪼여도 아무런 감각 반응이 일어나지 않는다는 것입니다.

이런 생각을 하다 보면 사람의 눈은 세상의 일부만 본다는 생각이 듭니다. 왜냐하면 우리 눈은 가시광선이 보여 주는 세상만 보기 때문이랍니다. 한편으로는 가시광선만 보는 것이 다행일지도 모른답니다. 만일 X레이를 볼 수 있다면 어떻게 될까요? 친구에게 X선을 쪼이면서 바라보면 친구의 갈비뼈가 보이지 않을까요?

왜 이렇게 길게 전자기파 이야기며 가시광선의 이야기를 늘어놓았는지 궁금하죠? 엽록소가 받아들이는 전자기파가 바로 가시광선이기 때문입니다. 사람이 볼 수 있는 전자기파가 광합성에 이용된다는 것을 생각하니 사람과 식물의 '눈'이 닮은 점이 있을 것 같다는 생각을 하게 됩니다.

빛은 파장에 따라 색이 달리 보인다

여러분은 무지개를 본 적이 있을 것입니다. 무지개는 빛이 파장에 따라 물방울에 의해 굴절되는 정도가 달라서 나타납니다. 가시광선 중에서도 파장이 짧은 쪽이 보라 쪽이고, 파장이 긴 쪽이 붉은색 쪽이랍니다. 다시 말해 가시광선 중 400nm 쪽의 빛이 우리 눈에 닿으면 우리는 그것을 보랏빛이라고 느끼고, 700nm 쪽의 빛이 눈에 닿으면 붉은빛이라고 느끼는 것입니다.

그렇다면 엽록소는 파장의 길이에 관계없이 모든 가시광선을 같은 정도로 받아들일까요? 그렇지 않답니다.

여기서 잠깐 색소 이야기를 하고 가죠. 색소가 무엇이냐 하면 색을 흡수하는 성질을 가진 물질입니다. 다른 색은 흡수하면서 특정한 색만 흡수하지 않고 반사하면 그 색이 우리 눈에 보이는 것이랍니다.

예를 들어, 붉은색으로 보이는 색소는 붉은색만 반사하고 다른 색은 흡수하는 것이지요. 우리 몸에서 붉은 색소가 무엇이 있지요? 피가 있는데, 적혈구에 있는 헤모글로빈이 피가 붉게 보이도록 하는 색소랍니다. 자, 그러면 엽록소의 경우는 어떨까요? 다른 색은 잘 흡수하는데, 초록은 흡수하지

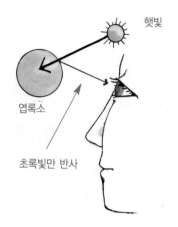

햇빛

엽록소

초록빛만 반사

않고 반사한답니다. 그래서 우리 눈에 엽록소가 초록으로 보이면서, 나뭇잎도 초록으로 보이는 거랍니다.

자, 창밖에 있는 나뭇잎을 보세요. 초록으로 보이지요? 지금 다른 색의 빛은 다 흡수되고, 초록만 반사되어 우리 눈에 오고 있는 거랍니다. 엽록소가 초록을 반사하는 것이 참 다행이라는 생각이 들지 않아요?

초록의 숲을 바라보면 마음이 편안해지지요. 만일 산이 온통 붉다면 어떨까요? 처음에는 멋있어 보일지 몰라도 점점 머리가 아파 올 것 같지요? 그리고 헤모글로빈이 초록이라면 그것도 이상할 거예요. 초록의 피, 왠지 기분이 안 좋지요?

다음 그래프는 엽록소가 어떤 색의 빛을 잘 흡수하는지를 나타내고 있습니다.

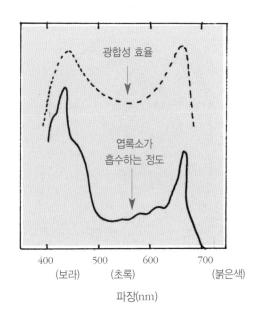

광합성 효율

엽록소가
흡수하는 정도

400　　　500　　　600　　　700
(보라)　　(초록)　　　　　(붉은색)
파장(nm)

　가로축이 빛의 색(파장)이고 세로축이 빛을 흡수하는 정도를 나타냅니다. 자, 그래프에서 가운데 부분이 빛의 흡수 정도가 가장 낮지요? 바로 이 부분이 초록빛이랍니다. 꼭 기억해 두세요.

　엽록소는 초록의 빛을 반사하기 때문에 초록색으로 보인다.

　다음 그림과 같은 유리종 안에 식물을 넣고 이산화탄소를 공급하며 광합성을 하도록 할 때 만일 초록의 셀로판지를 덮어 놓으면 어떻게 될까요?

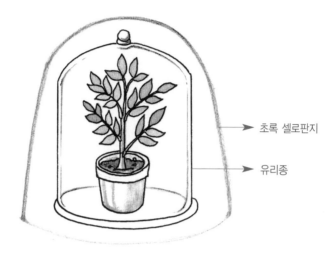

초록 셀로판지

유리종

　초록의 셀로판지는 녹색만 통과시키는 성질이 있지요. 따라서 식물에는 초록 광만 전달됩니다. 초록 광은 엽록소가 대부분 반사한다고 했지요? 따라서 식물은 광합성을 제대로 할 수 없게 될 것입니다. 결국 공급해 주는 이산화탄소도 거의 소비하지 못할 것입니다.

　이처럼 유리 용기 안에 식물을 넣은 다음 여러 색깔의 셀로판지로, 쪼이는 빛의 색을 바꿔 주면서 식물의 이산화탄소 흡수량을 조사하면 어떤 빛의 색이 광합성에 유리한지를 알 수 있습니다.

광합성이 잘되는 빛의 색

엽록소가 초록의 빛을 반사하기 때문에 초록빛은 광합성에 잘 이용되지 않는다는 것을 미루어 짐작할 수 있었습니다. 식물은 초록색이지만 막상 초록빛은 광합성에 이용하지 못하고 버립니다. 그렇다면 실제로 어떤 파장이 광합성에 효과가 높을까요?

다음과 같은 실험을 생각해 보도록 해요. 이 실험을 이해하려면 먼저 다음과 같은 지식이 필요합니다.

- 산소를 좋아하는 세균을 호기성 세균이라고 한다.
- 해캄은 광합성을 하여 산소를 발생시킨다.

다음 그림 ㉮와 같이 해캄과 호기성 세균을 함께 놓고 해캄에 빛을 쪼이면 어떻게 될까요? 호기성 세균이 해캄 가까이

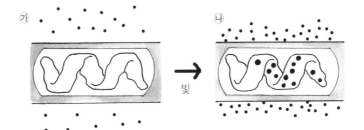

모여든답니다. 왜냐고요? 해캄이 광합성을 하여 산소를 품어

내기 때문에 호기성 세균이 산소를 따라 모여든 것이죠.

그러면 이번에는 ㉯의 상태에서 프리즘에 햇빛을 통과시

켜 무지개 색이 나타나도록 한 다음 해캄에게 쪼여 줍니다.

그러면 다음 그림과 같이 호기성 세균이 청색 계통의 색과 붉

은 색 계통의 색에 모여듭니다.

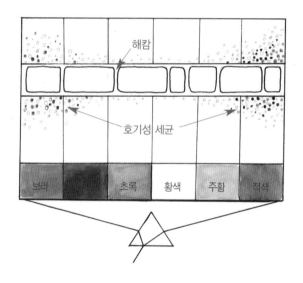

이 현상은 무엇을 의미할까요? 호기성 세균은 산소를 따라

모인다고 했지요? 그렇다면 청색 빛과 붉은색 빛을 비추는

곳에는 산소가 많다는 뜻이 되지요? 그렇다면 그 부분이 광

합성이 활발하다고 볼 수 있지요. 그래서 우리는 이런 결론

을 내릴 수 있습니다.

청색 빛과 붉은색 빛이 광합성이 잘된다.

그런데 여기서 이런 반대 의견이 있을 수 있지요. 호기성 세균이 산소를 따라 모인 것이 아니라 단순히 청색과 붉은색의 빛을 좋아하기 때문이다.

이러한 반대 의견에 대해선 어떻게 설득할까요? 다음 시간에 답을 알려 드릴게요.

광합성에는 빛이 필요하다고 하셨는데, 엽록체는 빛을 어떻게 받아들이나요?

잎에 있는 녹색 색소인 엽록소에서 빛을 받아들이지요.

엽록소는 낱개로 떨어져 있는 것이 아니라 보통 200~300개가 집단으로 모여 있지요.

그럼 엽록소는 어디에 있나요?

광합성에 이용하기 위해 동전처럼 생긴 틸라코이드 막에 안테나처럼 모여 있어요.

엽록소가 모여 있는 까닭은 무엇인가요?

햇빛

엽록소

햇빛 에너지를 잘 받아들여 화학 에너지를 바꾸기 위해서죠.

그럼 엽록소는 모든 빛을 다 받아들이나요?

빛에너지

엽록체

화학에너지로 전환

그건 실험으로 알 수 있어요. 프리즘에 햇빛을 통과시켜 무지개 색이 나타나도록 한 다음 해캄에게 쪼여 보세요.

호기성 세균이 청색 계통과 붉은색 계통의 색에 모여들어요.

해캄

호기성 세균

보라색 | 청색 | 녹색 | 황색 | 주황색 | 적색

그건 청색 빛과 붉은색 빛을 비추는 곳에는 산소가 많다는 뜻이에요.

그럼 청색과 붉은색의 빛이 광합성이 잘된다고 할 수 있겠네요.

4

이산화탄소와 물이 필요해요

식물의 광합성에는 이산화탄소와 물이 필요합니다.
광합성에 이산화탄소와 물이 사용되는 과정을 살펴봅시다.

4

네 번째 수업

이산화탄소와
물이 필요해요

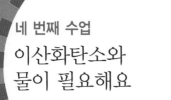

엥겔만이 풍선 2개를 가져와서
네 번째 수업을 시작했다.

이번 시간에는 광합성의 원료인 이산화탄소와 물을 어떻게
얻는지 생각해 봅시다.

참, 지난 시간 끝마무리에 여러분에게 냈던 문제의 답을 알
아봐야지요? 답은 아주 간단해요. 호기성 세균만 놓고 무지
갯빛을 비춰 보는 거예요. 그래서 세균이 청색이나 붉은색
빛 쪽으로 모인다면 반대 의견이 옳고, 그렇지 않다면 우리
의 결론이 맞아요. 실제로는 우리의 결론이 맞답니다.

기공은 2개의 공변세포로 되어 있다

여러분은 식물의 잎에 기공이 있다는 것을 알지요? 기공의 양쪽에 있는 초승달 모양의 세포를 공변세포라고 하지요. 기공은 2개의 공변세포가 만들어 낸답니다.

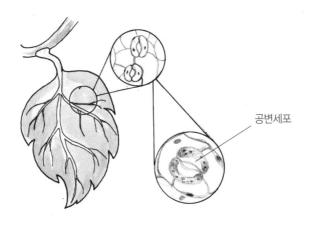

공변세포

기공으로는 이산화탄소와 산소가 드나들지요. 우리 몸의 코와 같은 기능을 한다고 보면 됩니다. 그런데 이 기공은 항상 열려 있는 게 아니라 식물의 필요에 따라 열리고 닫힌답니다. 대개 밤에는 닫히고 낮에는 열린답니다. 자, 기공이 열리고 닫히는 원리에 대해 생각해 보도록 해요.

여기 풍선이 2개 있어요. 그런데 둘 다 불량 풍선이지요. 한쪽이 두꺼워요. 자, 불어 볼게요. 한쪽으로 굽어지지요? 풍선 2개를 불어서 마주 대 볼까요? 가운데에 구멍이 생기지요?

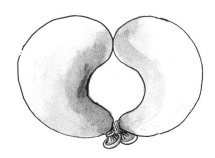

자, 풍선을 공변세포라고 해 봐요. 공변세포도 한쪽 벽이 두껍거든요. 그렇다면 언제 기공이 열릴까요? 공변세포에 물이 가득 들어갈 때이지요. 그러므로 기공이 열리는 낮에는 공변세포로 물이 많이 들어가고 밤에는 물이 빠져나오겠지요? 그런데 기공은 낮에 꼭 열리는 것은 아닙니다. 바람, 습도, 온도 등도 기공이 열리고 닫히는 데 영향을 줍니다.

선인장같이 물이 없는 지역에 사는 식물은 낮에는 기공을 닫아 놓습니다. 왜냐하면 낮에 기공을 열었다가는 물이 증발해 버려 몸속에 물이 부족하게 되기 때문입니다. 그래서 밤에 기공을 열어 이산화탄소를 흡수하여 저장하였다가 낮에 해가 뜨면 광합성을 하는 거랍니다.

기공이 닫혀 있음

기공이 열려 있음

선인장같이 사막에 사는 식물들은 이산화탄소를 저장하는 장치가 있습니다. 보통의 식물에는 이같이 이산화탄소를 저장하는 장치가 없기 때문에 낮에 기공을 열어 이산화탄소를 흡수하며 동시에 광합성을 진행하는 거지요.

혹 여러분 중에는 기공이 왜 그렇게 작은지 의문을 가진 학생이 있는지도 모르겠습니다. 여기에도 이유가 있습니다. 같은 면적이라면 큰 구멍이 하나 있는 것보다 작은 구멍이 여러 개 있는 것이 증발량이 더 많습니다. 기공의 크기에서도 알 수 있듯이 '자연에는 이유가 없는 것이 없다'는 말이 생각납니다.

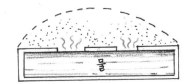

물은 물관을 따라 올라간다

이산화탄소는 기공으로 들어옵니다. 그러면 물은 어떤가요? 다 알다시피 뿌리로부터 올라오죠. 그리고 뿌리가 흡수한 물은 물관을 타고 올라가죠. 체관으로는 포도당 같은 양분이 이동하고요. 물관이란 세포의 위아래 벽이 없어져서 생긴 관입니다.

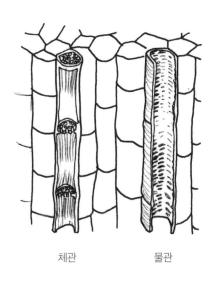

체관   물관

물은 어떤 힘으로 뿌리에서 잎까지 올라갈까요? 여기에는 몇 가지 주장이 있습니다.

하나는 뿌리가 밀어 올린다는 주장입니다. 다음에 나오는

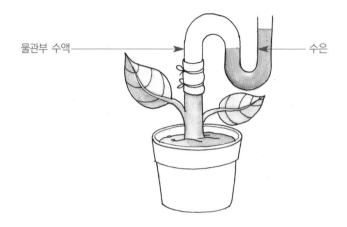

물관부 수액 ────→ ←──── 수은

그림과 같이 식물의 줄기를 자른 다음 수은이 들어 있는 유리
관을 연결하면 밀려 나오는 액체에 의해 수은이 상승한답니
다. 수은을 밀어 올리는 힘이 곧 뿌리가 물을 밀어 올리는 힘
이 되는 것입니다. 이처럼 뿌리가 물을 밀어 올리는 힘이 있
어 물이 상승한다는 것입니다.

　또 하나는 모세관 현상입니다. 액체는 가는 관을 타고 오르
는 성질이 있습니다. 물 분자와 모세관 벽의 분자 사이에 잡
아당기는 힘이 모세관 현상의 원인이 됩니다. 관이 가늘수록
물이 올라가는 높이가 높아집니다. 이처럼 모세관 현상에 의
해 물이 올라가는 현상이 물이 물관을 타고 올라가는 원동력
이 된다는 것입니다.

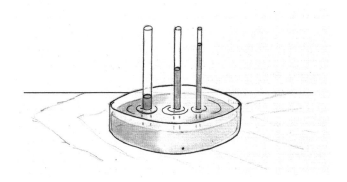

　하지만 이 같은 주장만으로는 줄기에서 물이 올라가는 현상을 설명하기엔 부족합니다. 1983년판《기네스북》에 의하면 세계에서 가장 높은 나무는 미국 캘리포니아 주 레드우드 국립 공원에 있는 세쿼이아로 기록되어 있지요. 이 나무의 높이는 1970년에 111.6m로 측정되었답니다. 뿌리로부터 계산한다면 대략 120m가 넘는 나무이지요. 이런 큰 나무에서 물이 상승하는 것을 뿌리의 힘이나 모세관 현상으로는 설명할 수 없답니다.

　그래서 가장 널리 인정받는 주장은, 물이 물관을 타고 올라가는 것은 잎 쪽에서 물을 끌어당기기 때문이라는 것입니다. 그러면 물을 끌어당기는 힘은 어디에서 생길까요? 잎의 증산 작용에서 생긴답니다. 물이 증산한 만큼 물이 끌려 올라간다는 것입니다. 이 주장 입증해 주는 현상이 있지요.

줄기의 물관을 자르고 거기에 귀를 대고 있으면 공기가 빨려 올라가는 소리가 들립니다. 또, 물관이 밤과 같이 증산 작용이 활발하지 않을 때 부풀어 있고, 증산 작용이 왕성한 낮에는 물이 빨려 올라가므로 물관이 가늘어져 있는 것으로도 확인할 수 있습니다.

여기서 한 가지 물의 특성을 알 수 있습니다. 물 분자는 서로 당기는 힘이 있어서 물기둥이 아래에서 위까지 이어진다는 것입니다. 이러한 물의 성질, 즉 서로 당기는 힘을 응집력이라고 하지요.

다음과 같은 장치를 가지고 잎의 증산에 의한 물의 흡수를 알아볼 수 있습니다. 줄기를 잘라 그림과 같이 장치한 다음 시간의 경과에 따라 오른쪽으로 길게 달아 놓은 유리관의 물

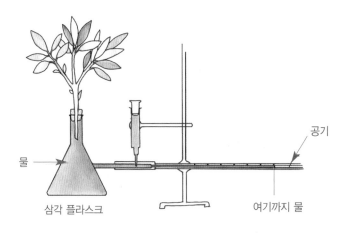

물

삼각 플라스크

공기

여기까지 물

이 점점 감소하는 것을 볼 수 있습니다. 유리관의 눈금이 보이죠? 물의 감소량을 측정하기 위해 눈금을 그려 놓은 것이랍니다.

물이 감소하는 이유가 정말 잎 때문인가를 알아보기 위해서는 어떻게 하면 되나요? 잎이 없는 줄기를 꽂아 두면 되지요. 그런 다음 잎이 있는 경우와 비교하면 됩니다. 이 장치에서 뿌리가 물을 밀어 올리지 않으므로 잎의 증산 작용에 의해 물이 끌려 올라간다고 말할 수 있습니다.

지금까지 줄기에서 물이 올라가는 현상에 대해 3가지 원리를 이야기했습니다. 하지만 아직도 줄기에서 물이 올라가는 원리에 대한 설명이 완벽하지 못합니다. 그저 3가지 원리가 함께 작용하여 물이 올라간다고 보는 거랍니다.

잎의 기공이 열리고 닫히는 것도 마찬가지입니다. 언제 열리고 언제 닫히는지 분명하게 말할 수 없습니다. 여러 가지 환경이 한꺼번에 작용하여 기공이 열리고 닫히는 데 영향을 주기 때문입니다. 그리고 기공이 열리고 닫히는 원리가 무엇인지도 아직 확실히 설명하지 못합니다. 널리 받아들여지는 학설이 있을 뿐이지요.

생명의 현상은 이렇게 복잡합니다. 기공이 열리고 닫히는 간단한 현상도 그 뒤에는 복잡한 원인이 있는 거랍니다. 분명한 것은 이러한 현상이 생명체에서 알맞게 조절되어 일어난다는 점입니다. 식물은 기공을 언제 열고 언제 닫아야 자기 몸에 가장 유익한지를 알고 있습니다. 자연의 지혜를 사람이 어찌 따라갈 수 있겠어요. 자연 앞에서는 늘 겸손할 수밖에 없는 이유가 여기에 있습니다.

식물은 광합성의 원료인 이산화탄소와 물을 어떻게 얻나요?

체관 물관

이산화탄소는 기공으로 들어오고, 물은 뿌리가 흡수한 후 물관을 타고 올라오며, 체관으로는 유기물 같은 양분이 이동하지요.

기공은 우리 몸의 코와 같은 일을 하는군요.

그래요. 기공의 양쪽에 있는 초승달 모양의 세포를 공변세포라고 하는데 기공은 두 개의 공변세포가 만들어 내지요.

공변세포

그런데 이 기공은 항상 열려 있는 게 아니라 대개 밤에는 닫히고 낮에는 열리지요.

기공이 열리고 닫히는 원리는 무엇인가요?

닫혀 있는 기공

열려 있는 기공

여기 한쪽이 두꺼운 불량 풍선이 있어요. 이러한 풍선을 두 개 불어서 마주 대면 가운데 구멍이 생기지요.

공변세포도 한쪽 벽이 두꺼운 불량 풍선 같은 거죠?

맞아요. 낮에 공변세포로 물이 많이 들어가면 기공이 열리고 물이 빠져나오는 밤에 닫히지요. 바람, 습도, 온도 등도 기공이 열리고 닫히는 데 영향을 준답니다.

그렇군요. 그럼 물은 어떤 힘으로 뿌리에서 잎까지 올라가나요?

바람 습도

온도 밤

낮

가장 널리 인정받는 주장은 물이 물관을 타고 올라가는 것은 잎 쪽에서 물을 끌어당기기 때문이라는 것이지요. 물을 끌어당기는 힘은 잎의 증산 작용에서 생긴답니다.

네.

증산 작용

모세관 현상

녹말로 저장해요

광합성의 단계별 과정을 자세히 알아봅시다.
또 광합성으로 만들어진 포도당이 녹말로 저장되는 과정을 알아봅시다.

5

다섯 번째 수업

녹말로 저장해요

교.	초등 과학 4-1	3. 식물의 한살이
과.	초등 과학 4-2	1. 식물의 세계
연.	초등 과학 5-1	7. 식물의 잎이 하는 일
계.	중등 과학 1	6. 식물의 영양
	중등 과학 2	4. 식물의 구조와 기능
	고등 생물II	2. 물질 대사

엥겔만이
지금까지 배운 내용을 정리한 후
다섯 번째 수업을 시작했다.

　지난 시간까지는 엽록체는 어떻게 생겼는지, 어떤 빛을 광합성에 이용하는지, 그리고 광합성의 원료는 어떻게 공급하는지를 이야기했지요. 지금부터는 빛과 원료를 이용하여 어떻게 포도당을 합성해 나가는지에 대해 이야기하려고 합니다.

　이번 시간에 이야기하는 내용은 심화 학습이라고 생각하기 바랍니다. 혹 읽다가 이해가 되지 않는 부분이 있거든 그대로 넘어가세요. 그랬다가 나중에 읽어 보기 바랍니다. 지금 모두 이해하지 않아도 좋다는 말입니다. 하지만 되도록 쉽게 이야기할 터이니 용기를 가지고 이야기를 들어보세요.

광합성은 2단계

1949년 미국의 생화학자인 벤슨(Andrew Benson, 1917~)은 조금은 특이한 생각을 했습니다. 빛과 이산화탄소(CO_2)를 따로따로 주면 과연 광합성이 일어날까 하는 생각이지요. 참 기발하죠. 과학자에게 창의력이 얼마나 중요한지를 알려 주는 예가 될 것 같아요.

벤슨은 먼저 빛이 없는 상자에 식물을 넣고 CO_2를 공급했습니다. 그랬더니 광합성이 일어나지 않았지요. 이번에는 CO_2가 없는 상자에 빛만 주었더니 역시 광합성이 일어나지 않았습니다. 그런데 빛만 준 상자를 어둠 속에 놓고 CO_2를 주었더니 광합성이 일어났습니다. 즉 포도당이 합성된 거죠. 좀 복잡하죠? 그림으로 정리해 볼까요?

① 어둠, CO_2 있음 →
광합성 안 됨

② 빛, CO_2 없음 →
광합성 안 됨

③ 어둠, CO_2 있음 →
광합성이 잠시 일어남

여기서 잠시 생각을 모아야 돼요. ①과 ②는 광합성이 되지 않았지요? 빛과 CO_2를 주면 광합성이 되지 않네요. 그런데 우리가 주의해야 할 것은 ③의 경우입니다. ②에서 빛을 준 다음에 ③의 상태로 가면 잠시 광합성이 일어난다는 점입니다. ③과 같은 조건인 ①에서는 광합성이 일어나지 않았지만 ③에서는 일어나는 까닭은 무엇일까요?

벤슨은 이렇게 해석을 했습니다.

②에서 빛에 의해 식물체 안에서 어떤 물질이 생겨났다. 그 물질이 ③에서 CO_2를 포도당으로 만드는 데 이용되었다.

벤슨의 이런 해석은 이렇게 발전하였습니다.

광합성은 2단계로 되어 있다. 먼저 빛 에너지를 받아들이는 단계가 있고, 이어서 CO_2를 이용하여 포도당을 합성하는 단계가 있다.

정리하면 다음과 같습니다.

광합성 1단계: 햇빛을 받아들여 어떤 물질을 합성한다.

광합성 2단계: 1단계에서 합성한 물질을 이용하여 CO_2를 재료로 포도당을 만든다.

계속하여 빛과 CO_2를 공급한다면 1단계와 2단계가 함께 일어나게 되겠죠? 하지만 정확히 따지면 항상 빛이 먼저 필요합니다. 그다음에 CO_2를 합성하는 거지요.

벤슨의 실험 결과에 의해 광합성이 2단계라는 것을 알게 되었지요. 그리고 광합성에서 빛이 먼저 필요하다는 것도요.

1단계에서는 ATP와 수소가 생겨

그렇다면 빛은 어떻게 광합성의 에너지로 이용될 수 있을까요? 햇빛이 빛을 모으는 안테나에 부딪히면 빛 에너지가 한 곳으로 모입니다. 그러면 이 에너지가 ATP라는 물질에 저장됩니다. ATP는 에너지를 보관하고 전달하는 물질입니다. 예를 들어 우리가 팔을 구부릴 때 많은 ATP가 분해됩니다. ATP가 보관하던 에너지가 팔을 구부리는 데 이용되기 때문입니다. ATP라는 물질은 참 중요하니 잘 기억해 두세요.

ATP는 에너지를 보관하고 전달한다.

빛 에너지는 ATP에 임시 저장된다.

  빛 에너지가 빛을 모으는 안테나에 의해 모아지면 그 에너지는 ATP에 보관되고, 이 물질이 CO_2를 포도당으로 만드는 데 이용되는 거랍니다.

  한편, 안테나에 의해 모아진 에너지가 원인이 되어 물이 분해됩니다. 물이 분해되면 산소와 수소가 생깁니다. 물은 산소(O)와 수소(H)로 되어 있기 때문입니다.

물 → 수소 + 산소($2H_2O \rightarrow 2H_2 + O_2$)

물 분해로 생긴 수소는 CO_2와 함께 포도당을 합성하는 데

과학자의 비밀노트

ATP(adenosine trphosphate)

아데노신에 인산기가 3개 달린 유기 화합물로 아데노신3인산이라고도 한다. ATP는 모든 생물의 세포 내에 존재하여 에너지 대사에 매우 중요한 일을 한다. 즉, ATP 한 분자가 가수 분해를 통해 다량의 에너지를 방출하며 이는 생물 활동에 사용된다. 모든 생물은 유기물의 산화에서 생긴 에너지를 ATP라는 화합물 속에 일단 저장하였다가 필요에 따라 이를 가수 분해시켜 그때 방출되는 에너지를 이용하여 운동을 하고 체온을 유지한다. 또 생체 전기를 발생시키기도 하고 생체 발광을 일으키기도 하며 몸을 구성하는 고분자를 합성하기도 한다.

이용됩니다. 다시 요약해 볼게요.

엽록체가 빛을 받으면 에너지(ATP)와 수소를 만든다.

벤슨의 실험에서 빛만 주었다가 어둠 속에서 이산화탄소를 주면 포도당이 합성된 까닭은 이런 것입니다. 빛을 주었을 때 포도당을 만들기 위해 필요한 에너지를 ATP에 저장하고, 수소를 만들었던 것입니다. 그리고 ATP와 수소는 어둠 속에서 이산화탄소를 이용하여 포도당을 합성하는 데 이용되었던 것입니다.

이해를 돕기 위해 이산화탄소(CO_2)와 포도당($C_6H_{12}O_6$)을 잠시 생각해 보도록 해요.

6개의 CO_2를 이용하여 포도당을 만들려면 무엇이 더 필요하지요? 다음을 보고 생각해 보세요.

이산화탄소

$$6CO_2 \longrightarrow C_6H_{12}O_6$$

탄소(C), 산소(O)로 되어 있음

포도당

탄소(C), 수소(H), 산소(O)로 되어 있음

수소(H)가 필요하지요. CO_2를 6개 모아서 하나의 포도당을 만든다고 할 때 더 필요한 것은 수소랍니다. 탄소(C)나 산소(O)는 이산화탄소(CO_2)에 있으니까요. 그러므로 CO_2를 원료로 포도당을 합성하려면 수소가 필요합니다. 이때 필요한 수소는 바로 빛에 의해 물이 분해될 때 생성됩니다.

그러면 물이 분해될 때 생기는 산소는 어떻게 되나요? 식물이 일부를 이용하고, 나머지는 기공을 통해 밖으로 나온답니다. 그리고 기공을 빠져나온 산소는 우리가 숨 쉬는 데 이용됩니다. 식물이 필요 없다고 내보내는 산소가 우리에게 더없이 소중하게 이용되는 겁니다.

좀 우습다는 생각이 들어요. 식물이 버리는 산소가 우리의 목숨을 이어 가게 한다니 말이죠. 하지만 우리가 필요 없다고 내보내는 CO_2를 식물이 광합성에 이용하니 서로 마찬가지 입장이 되는 것 같기도 해요. 서로 도우며 산다고도 할 수 있고요.

2단계에서는 CO_2를 원료로 하여 포도당 합성

CO_2를 원료로 하여 포도당을 합성하는 데는 에너지가 필요하답니다. 에너지가 왜 필요한지는 두 번째 수업에서 이미

이야기했지요. 6개의 흩어져 있는 이산화탄소와 수소를 합하여 더욱 복잡하고 질서가 있는 포도당을 만들려면 에너지가 필요한 거랍니다. 이때 필요한 에너지는 햇빛에 의해 얻어지며, 빛 에너지는 ATP에 담겨 광합성에 이용되는 거랍니다. 어려우니까 다시 정리해 볼게요.

- 수소는 물이 분해될 때 생긴다.
→ CO_2를 원료로 포도당을 합성하는 데는 수소가 필요하다.

- ATP(에너지)는 빛 에너지에 의해 만들어진다.
→ CO_2를 원료로 포도당을 합성하는 데는 에너지(ATP)가 필요하다.

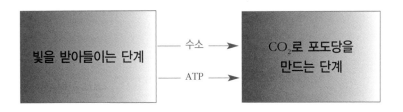

지금 이야기한 과정, 그러니까 수소와 ATP를 합성하는 과정은 그라나에서 일어난답니다. 기억을 되살리기 위해서 다음 그림을 보세요. 동전처럼 쌓여 있는 부분이 그라나입니다. 엽록소는 그라나를 이루는 막에 있다고 했지요. 그라나

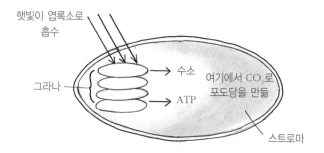

에서 합성되는 수소와 ATP는 곧바로 스트로마로 전해집니다. 수소가 그라나에서 스트로마로 전해질 때는 수소를 붙잡고 가는 물질이 있지만 여기서는 그것은 이야기하지 않기로 해요. 너무 어려워지니까요. 수소와 ATP가 도착한 스트로마에서는 CO_2를 이용하여 포도당을 만듭니다.

다음 그림은 여러분의 이해를 돕기 위해 광합성의 두 단계를 모식도로 나타낸 것입니다.

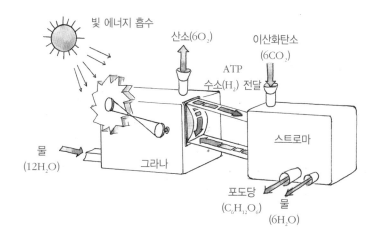

광합성이 2단계로 되어 있다는 것을 나타내기 위해 기계가 두 부분으로 나뉘어 있습니다. 먼저 그라나에서 일어나는 제1단계 반응에서 빛 에너지를 흡수하여 ATP와 수소를 생성한 후, 이로운 스트로마로 보내 줍니다. 이때 물이 들어와서 분해되어 수소가 생기고, 산소는 기계 밖으로 나가게 됩니다. 그러면 스트로마에서는 광합성의 2단계가 일어납니다.

제2단계는 ATP라는 에너지가 있어야 작동됩니다. ATP가 기계를 작동하는 힘이 되는 거지요. 이 기계가 제품을 만들려면 이산화탄소와 수소가 필요합니다. 수소는 1단계에서 만들어 보내고, 이산화탄소는 외부에서 들어옵니다. 그래서 2단계에서는 제품으로 포도당을 만들어 내보내게 됩니다.

사실 CO_2로 포도당을 만드는 과정은 아주 복잡한 여러 단계의 반응을 거칩니다. 그렇지만 이산화탄소에 수소를 붙여서 포도당을 만든다고 요약할 수도 있습니다.

포도당은 녹말로 저장

광합성으로 만든 포도당은 엽록체에 녹말로 만들어 저장하게 됩니다. 녹말은 포도당이 모여서 이뤄집니다. 그림을 보

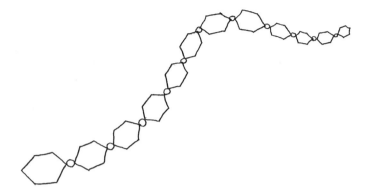

세요. 앞에서 이미 말했듯이 포도당은 보통 육각형으로 그립니다. 그리고 포도당이 죽 이어진 상태가 녹말이랍니다.

광합성이 일어나면 보통 포도당이 합성됩니다. 물론 이산화탄소에 수소를 붙여 가는 아주 여러 단계의 반응을 거치긴 하지만 광합성을 하면 포도당이 생긴다고 볼 수 있습니다. 이 광합성으로 생긴 포도당을 잎에 저장할 때 그냥 저장하는 것이 아니라 대부분 녹말로 만들어 저장합니다. 물론 사탕수수나 사탕무처럼 설탕으로 저장하는 식물도 있지만, 대부분의 식물은 녹말 형태로 포도당을 저장합니다. 포도당은 엽록체에서 녹말로 합성됩니다.

포도당을 그냥 놔두지 않고 녹말로 저장하는 이유는 포도당이 물에 잘 녹아서 제자리에 있기 어렵기 때문이랍니다. 반면에 녹말은 물에 잘 녹지 않고 여러 개의 포도당을 연결시켜 놓았기 때문에 한곳에 저장하기가 편합니다. 장작을 묶어 쌓아 두는 것에 비유할 수도 있겠네요.

녹말은 요오드 반응으로 검출

우리는 광합성에 빛이 필요한지를 알아보기 위해서 다음과 같은 실험을 하곤 하지요.

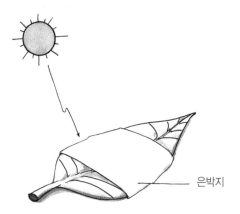

은박지

그림과 같이 은박지로 잎의 일부를 가린 다음 햇빛을 쪼입니다. 그러면 햇빛을 가린 부분은 녹말이 생기지 않겠죠? 이 잎을 따서 에탄올에 넣고 가열하면 잎의 엽록소가 녹아 나가서 잎이 하얗게 됩니다. 이 잎에 무슨 반응을 시켜 보나요?

＿＿요오드 반응이오.

그렇죠, 녹말이 요오드를 만나 청람색을 띠는 반응이죠. 잎이 하얗게 탈색되어 있어 반응 색깔이 잘 보입니다. 그럼 실험 결과는 어떻게 되나요?

은박지로 가린 곳은 아무런 반응이 일어나지 않지만 그냥 놔둔 곳은 청람색, 또는 청자색이 나타나게 되지요. 광합성을 한 부분은 녹말이 생겼을 테니까요.

녹말과 요오드가 만나면 왜 색이 나타나느냐고요? 다음 그림과 같이 녹말 분자 사이를 요오드 분자가 끼어들기 때문이랍니다. 이렇게 녹말 분자에 요오드가 끼어들면 청람색을 반사하고 나머지는 흡수하는 성질을 가지게 됩니다. 그래서 우리 눈에는 반사되는 청람색이 보이는 거지요.

요오드 반응이 나온 김에 한 가지 더 이야기하지요. 침에

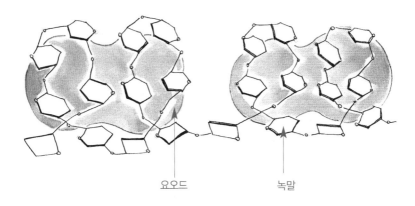

요오드   녹말

들어 있는 소화 효소가 무엇이죠?

　__아밀라아제입니다.

　아밀라아제는 녹말을 엿당으로 분해하는 효소라는 것을 이미 알고 있죠? 엿당은 포도당이 2개 붙어서 만들어진다는 것도요. 엿당이 2개의 포도당으로 되어 있으니 아밀라아제는 녹말에서 포도당을 2개씩 잘라 내는 기능을 가진 거네요.

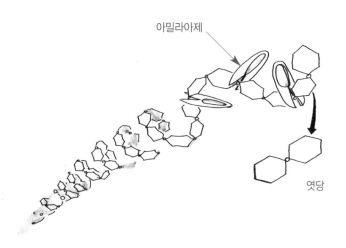

아밀라아제

엿당

　그럼 질문을 하나 할게요. 다음과 같이 녹말 용액이 들어 있는 시험관에 요오드 용액을 넣어요. 색깔이 어떻게 되나요?

　__청람색으로 되겠지요.

　여기에 침을 넣어요. 그리고 나서 한 20분 정도 지나고 나면 청람색이 없어져요. 어째서 그럴까요?

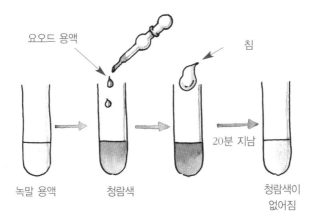

요오드 용액

침

녹말 용액   청람색   20분 지남   청람색이
                                    없어짐

　침에 있는 아밀라아제가 녹말을 분해함에 따라 녹말 사이
에 있던 요오드 분자가 빠져나오기 때문이랍니다. 그러면 요
오드 분자가 따로 있게 되어 청람색이 없어지는 것입니다.
요오드 반응은 매우 중요하니까 꼭 알아 두기 바랍니다.

　광합성 결과 생겨난 녹말은 엽록체에 임시 저장됩니다. 그
러다가 어느 정도 저장이 되면 줄기나 뿌리, 열매에 옮겨 저
장하게 된답니다. 물론 열매나 뿌리에 저장하기 위해서는 녹
말을 다시 작게 분해하여 체관으로 운반합니다. 식물이 어떻
게 열매와 뿌리, 줄기에 적절하게 나눠서 저장하는지는 아직
잘 모른답니다.

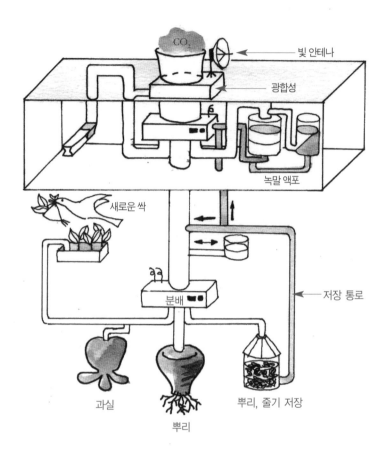

| CO₂ | 빛 안테나 |
| 광합성 |
| 녹말 액포 |
| 새로운 싹 |
| 저장 통로 |
| 분배 |
| 과실 | 뿌리, 줄기 저장 |
| 뿌리 |

밑의 그림에서 볼 수 있듯이 다음과 같이 표기합니다.

밥은 빛 에너지가 화학 에너지로 저장된 것

우리가 먹는 쌀은 벼가 열매에 저장한 녹말입니다. 벼가 자신이 이용하기 위하여 저장해 놓은 것입니다. 쌀에 저장된 녹말은 벼의 열매가 땅에 떨어져 싹이 날 때 분해되어 에너지로 이용됩니다. 싹이 날 때는 아직 잎이 없으므로 에너지를 햇빛으로부터 얻을 수 없지요. 그래서 미리 사용할 에너지를 녹말로 저장해 놓은 것입니다. 이렇게 저장한 녹말을 이용하여 싹이 트게 됩니다. 그러면 초록의 잎이 생기고 그때부터 필요한 에너지를 햇빛으로부터 얻는 거랍니다.

그러고 보니 쌀밥에는 햇빛의 에너지가 들어 있다는 생각을 하게 됩니다. 식물이 햇빛을 화학 에너지로 바꿔 쌀에 저장해 놓았으니까요. 그래서 우리는 광합성을 이렇게 말할 수 있습니다.

광합성은 빛 에너지를 화학 에너지로 바꾸어 저장하는 것이다.

우리가 먹는 밥은 태양의 빛 에너지가 화학 에너지로 바뀌어 포장되어 있는 것입니다. 그러니까 우리가 쌀밥을 먹는다는 것은 쌀에 포장되어 있는 햇빛 에너지를 먹는 셈입니다. 포장된 햇빛 에너지는 우리 세포에서 다시 꺼내지지요. 그것을 먹고 우리가 사는 것이랍니다.

결국 벼는 우리에게 햇빛의 에너지를 쌀에 포장하여 주는 셈입니다. 사실은 벼 스스로가 이용하기 위해서 포장해 놓은 햇빛의 에너지이지만요. 어떻게 생각하면 사람이란 참 얌체 같다는 생각이 듭니다. 벼가 포장해 놓은 햇빛의 에너지를 허락도 없이 가져다 먹기 때문입니다. 하지만 동물이 식물을 먹는 것이 자연의 이치인 것을 어쩌겠어요. 우리에게 '밥'을 만들어 주니 그저 고맙게 생각해야지요.

만약 식물한테 빛과 이산화탄소를 따로따로 주면 광합성이 일어날까요?

참 창의적인 생각이군요. 나도 전에 같은 생각을 실험해 보았답니다.

실험 결과가 어땠었나요?

첫 번째 빛이 없는 상자에 식물을 넣고 CO_2를 공급한 것은 광합성이 일어나지 않았어요.

광합성 안 됨

그러면 CO_2는 주지 않고 빛만 주면 어떻게 되나요?

그것도 역시 광합성이 일어나지 않았지요.

빛

광합성 안 됨

그런데 빛만 준 상자를 어둠 속에 놓고 CO_2를 주었더니 광합성이 잠시 일어났지요. 즉 포도당이 합성된 거죠.

첫 번째 실험과 비슷한 조건인 것 같은데, 결과가 다른 까닭은 무엇인가요?

광합성 안 됨 → 광합성 잠시 일어남

순서가 달랐지요. 그래서 나는 광합성은 두 단계로 되어 있다고 해석했어요.

그렇군요. 그럼 순서는 상관없나요?

1단계: 햇빛을 받아들여 어떤 물질을 합성한다.
2단계: 1단계에서 합성한 물질을 이용하여 CO_2를 재료로 포도당을 만든다.

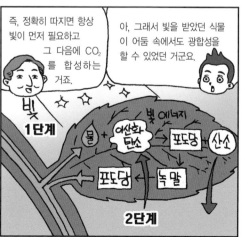

즉, 정확히 따지면 항상 빛이 먼저 필요하고 그 다음에 CO_2를 합성하는 거죠.

아, 그래서 빛을 받았던 식물이 어둠 속에서도 광합성을 할 수 있었던 거군요.

빛
1단계
빛 에너지
물 + 이산화탄소 → 포도당 → 산소
포도당 ← 녹말
2단계

숨 쉬기도 해요

아주 맑은 날 호흡과 광합성이 같아지는 경우가 있습니다.
호흡과 광합성을 비교해서 살펴봅시다.

6

여섯 번째 수업

숨 쉬기도 해요

엥겔만이 학생들에게 질문을 하며
여섯 번째 수업을 시작했다.

지금까지 광합성에 대해 이야기했습니다. 이번 시간에는
호흡과 광합성을 같이 이야기하려고 해요. 한 가지 질문을
해 보죠. 낮에 식물이 숨을 쉬나요, 안 쉬나요?

__ 낮에도 숨을 쉽니다.

맞습니다. 우리가 숨을 쉬는 것은 에너지를 얻기 위해서인
데 식물도 마찬가지입니다. 식물도 자신에게 필요한 여러 물
질을 만들고 운반하는 등의 여러 가지 일을 하려면 에너지가
필요하기 때문에 숨을 쉽니다.

호흡은 포도당을 분해하는 과정

여기서 '호흡'이라는 말을 한번 짚고 갑시다. 보통 호흡이라면 숨 쉬기를 말하지만, 생물학에서는 세포에서 영양소를 분해하여 에너지를 내는 것을 호흡이라고 한답니다. 잘 기억해 두기 바랍니다.

호흡이란 세포에서 영양소를 분해하여 에너지를 얻는 것이다.

이제 호흡이 무엇을 의미하는지 알겠죠? 그러니 이제부터는 '숨을 쉰다'는 말 대신에 '호흡을 한다'는 말을 사용하려고 해요.

광합성이 포도당을 만드는 과정이라면, 호흡은 포도당을

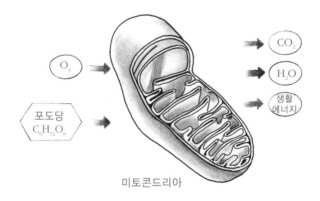

미토콘드리아

분해하는 과정이랍니다. 포도당을 분해하는 과정에서 산소가 필요한 거랍니다. 그러니 식물도 산소를 필요로 하는 것입니다. 다시 한번 정리해 볼까요?

광합성은 포도당을 만드는 과정이다.
호흡은 포도당을 분해하는 과정이다.

이렇게 말하고 보니 호흡과 광합성은 서로 반대인 것을 알겠죠?

자, 광합성을 할 때는 에너지가 필요했죠? 호흡을 할 때는 에너지가 나와요. 또 광합성 할 때는 CO_2를 흡수하고 산소를 내놓았죠? 호흡할 때는 CO_2를 내놓고 산소를 흡수하죠.

그림에서 보듯 광합성과 호흡은 반대의 현상이랍니다. 그런데 밤에는 광합성이 일어나지 않는답니다. 따라서 밤에는 식물도 우리와 마찬가지로 호흡을 한답니다. 산소를 흡수하

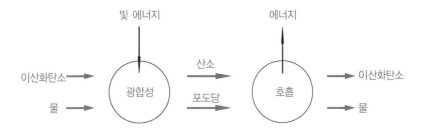

고 이산화탄소를 방출하며 영양소를 분해하여 에너지를 생성하지요. 하지만 식물의 호흡량은 동물에 비해 작답니다. 그러므로 식물이 내놓는 이산화탄소도 많지 않답니다.

문제는 낮입니다. 낮에는 광합성과 호흡이 동시에 일어나거든요. 즉, 포도당을 만들기도 하고 분해도 한다는 것입니다. 말하자면 생산과 소비가 동시에 일어난다는 이야기죠.

광합성은 생산이고, 호흡은 소비

광합성을 '생산 작용'이라고 비유한다면, 호흡은 '소비 작용'이라고 할 수 있습니다. 그래서 낮에는 광합성을 얼마나 했는지, 호흡을 얼마나 했는지를 알기 어렵답니다. 예를 들어 10을 생산하고 3을 소비했다면 실제로 생산한 양은 10이지만 사실상 7밖에 생산을 못한 셈이 되지요. 여기서 7을 순 생산량이라고 하죠. 순이익이라는 말과 유사합니다. 광합성과 호흡도 마찬가지랍니다. 광합성으로 포도당을 10을 생산하였더라도 호흡으로 3을 소비하면 사실상 7밖에 광합성을 하지 못한 셈이 되는 거죠. 여기서 7이 순 광합성량이 됩니다.

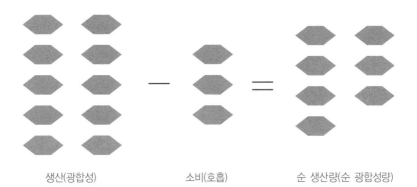

생산(광합성)　　　　　소비(호흡)　　　　　순 생산량(순 광합성량)

　호흡량보다 광합성량이 커야만, 그러니까 순 광합성량이 있어야만 식물이 자라게 됩니다. 마치 한 가정에서 벌어들이는 돈이 쓰는 돈보다 많아야 그 차이를 가지고 재산을 불려 갈 수 있는 거나 마찬가지입니다. 수입과 지출이 똑같다면 재산이 늘지 않습니다. 마찬가지로 광합성량과 호흡량이 같다면 식물은 자랄 수 없습니다.

　그런데 낮이라도 광합성량이 호흡량보다 항상 많은 것은 아닙니다. 날이 흐리거나 이른 아침이나 해질녘에는 생산보다 소비가 많을 수도 있습니다. 그런데 한낮에 광합성을 워낙 많이 하니까 식물도 자라고 동물의 먹이도 생기는 것입니다. 식물이 생산을 부지런히 해야 동물이 먹고 삽니다. 만일 식물이 게으름을 피우고 생산보다 소비를 많이 한다면 어떻게 될까요? 식물은 물론 동물도 살아남기 어려울 것입니다.

광합성은 산소를 방출하지만 호흡은 흡수

한 식물체에서 광합성 속도가 호흡 속도보다 빠르다는 것을 어떻게 알 수 있을까요? 그것은 산소를 얼마나 내보내느냐로 판단할 수 있습니다. 만일 잎에서 산소가 나온다면 그것은 틀림없이 광합성이 호흡보다 빠른 거랍니다. 왜냐고요? 호흡이 많다면 광합성으로 생긴 산소가 호흡으로 다 소비되기 때문입니다. 좀 어렵죠? 자, 이렇게 정리해 볼게요.

광합성은 산소를 생성한다.

호흡은 산소를 소비한다.

만일 잎에서 산소가 나오면 → 광합성＞호흡

만일 잎으로 산소가 들어가면 → 광합성＜호흡

산소(광합성〉호흡)

그런데 실제로 우리가 나뭇잎을 보고 산소가 나오는지 들어가는지 알 수는 없습니다. 대학의 연구소에 가면 측정할 수 있는 기계가 있지만, 길을 오가다 바라보는 나뭇잎에서 산소가 나오는지는 알 수 없는 것이죠.

하지만 물에 사는 식물은 산소를 방출하면 공기 방울(기포)이 되어 물 위로 올라옵니다. 그러므로 공기 방울이 나오는지 여부로 광합성이 호흡보다 활발한지를 알아볼 수 있는 거랍니다. 빛이 강하면 기포가 더 많이 나오고, 빛이 약하면 기포가 더 적게 나오겠죠?

다음 그림은 광합성 속도를 측정하는 장치입니다. 같이 생각해 봅시다.

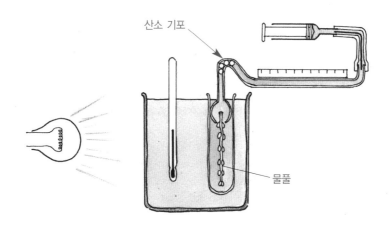

산소 기포

물풀

왼쪽에서 빛을 쪼입니다. 그러면 물풀에서 산소 기포가 나오게 되죠. 이 산소 기포는 오른쪽의 유리관으로 밀려가게 됩니다. 그러면 기포의 길이가 광합성 속도를 재는 척도가 되는 것입니다. 빛의 세기를 여러 가지로 변화시키면 물풀에서 나오는 기포 수가 달라지겠죠.

질문 하나 하지요. 아주 맑은 날 광합성과 호흡이 같은 경우는 몇 번이나 생길까요?

__글쎄요.

__잘 모르겠어요.

2번이랍니다. 해 뜰 무렵하고 해 질 무렵, 두 차례 광합성과 호흡이 같은 경우가 생기지요. 이렇게 광합성과 호흡의 속도가 같게 되는 빛의 세기를 보상점이라고 부르기도 하죠.

다음 그래프를 보기 바랍니다. 이 그래프는 자주개자리(알팔파)라는 식물의 이틀간에 걸친 순 광합성량의 변화를 나타낸 것이랍니다. 가로축은 시간 변화를 나타내고, 세로축은 순 광합성량입니다. 그래프를 볼 때는 먼저 가로축과 세로축이 무엇을 나타내는지를 잘 살펴보는 것이 중요하다는 사실은 알고 있죠?

그래프는 가로축에서 0인 지점이 광합성과 호흡이 같은 점입니다. 따라서 0보다 아래(−) 부분은 호흡량이 광합성량보

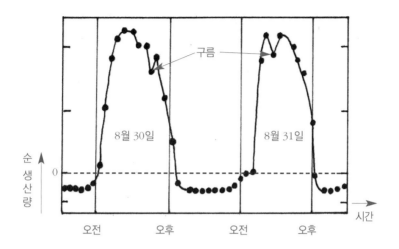

구름

구름

8월 30일

8월 31일

순
생
산
량

0

시간

오전　　　　오후　　　　오전　　　　오후

다 많은 상태이고, 0보다 큰 부분은 광합성량이 호흡량보다
많은 부분이랍니다. 그래프를 보면 하루에 보상점이 2번 나
타나는 것과 낮에 구름이 끼면 광합성량이 감소하는 것을 알
수 있습니다.

　빛이 강할수록 광합성 속도가 증가한답니다. 하지만 무진
장 증가하지는 않지요. 왜냐하면 한 식물체가 받아들일 수
있는 빛의 양이 한정되어 있기 때문입니다. 빛이 아무리 강
해도 더 이상 광합성량이 증가하지 않는 상태를 광포화라고
부르기도 합니다. 빛이 가득 찼다는 의미지요.

　자, 이번 수업을 마칠 때가 되었네요. 벼가 가득 자라는 들을 한번 생각해 봐요. 초가을 햇살이 들판 가득 내리쪼이고 있습니다. 벼들은 참 부지런히 광합성을 합니다. 그리고 자신의 광합성량과 호흡량의 차이만큼 벼 이삭에 저장을 하고 있습니다. 그러면서 점점 이삭이 여물어 가요. 벼 낱알마다 녹말이 가득가득 저장됩니다. 자신을 가꾸어 준 농부와 햇살에 고마움을 표하기라도 하듯 이삭이 고개를 숙입니다.

선생님, 식물은 낮에 숨을 쉬나요?

물론이죠. 자신에게 필요한 물질을 만들고 운반하는 등 일을 하려면 에너지가 필요하지요.

그런데 이제부터는 '호흡을 한다' 라는 말을 사용하세요. 생물학에서는 세포에서 영양소를 분해하여 에너지를 내는 것을 호흡이라고 하니까요.

잘 기억해 둘게요.

숨을 쉰다 → 호흡한다.

광합성이 포도당을 만드는 과정이라면, 호흡은 포도당을 분해하는 과정이에요. 포도당을 분해하는 과정에서 산소가 필요한 것이죠.

호흡과 광합성은 서로 반대되는군요.

광합성 - 포도당을 만드는 과정
호흡 - 포도당을 분해하는 과정

그래요. 광합성을 할 때는 에너지가 필요하며 CO_2를 흡수하고 산소를 내놓는데, 호흡을 할 때는 에너지가 나오면서 CO_2를 내놓고 산소를 흡수하지요.

빛 에너지   에너지

이산화탄소 →   광합성   산소 포도당   호흡   → 이산화탄소
물 →   → 물

네.

밤에 식물이 호흡을 하는 것은 밤에는 광합성이 일어나지 않기 때문이죠?

네, 맞아요. 산소를 흡수하고 이산화탄소를 방출하며 영양소를 분해하여 에너지를 생성하지요.

음~ 오늘은 공기가 상쾌하네.

하지만 식물의 호흡량은 동물에 비해 작아서 식물이 내놓는 이산화탄소도 많지는 않아요.

그렇군요.

알맞은 온도와
이산화탄소가 필요해요

광합성은 화학 반응이며, 온도와 이산화탄소의 양 등에 따라 달라집니다.
광합성이 잘 일어나는 조건을 알아봅시다.

일곱 번째 수업

알맞은 온도와
이산화탄소가 필요해요

엥겔만이 달걀을 들고
일곱 번째 수업을 시작했다.

여러분은 삶은 달걀을 먹을 때 하얗게 굳어 있는 흰자위를 보았을 것입니다. 날것일 때는 투명하고 끈적끈적한 액체였지만 삶으면 하얗게 굳어집니다. 왜 그럴까요? 그것은 달걀 흰자위를 구성하는 영양소가 단백질이기 때문입니다.

단백질은 열을 가하면 변형이 됩니다. 그래서 굳은 정도나 빛의 투과성이 달라져 희게 변하는 것입니다. 이러한 변형은 보통 섭씨 40℃ 정도면 시작됩니다. 그래서 삶지 않고 뜨겁게만 가열해도 흰자위는 변성됩니다. 열에 약하기 때문이죠. 기억해 두세요.

단백질은 열에 약하다.

    여기서 열에 약하다는 말은 변형된다는 의미를 가지고 있습니다. 여러분 비닐에 열을 가해 봐요. 금방 우그러지죠? 열에 약하기 때문이랍니다. 단백질도 열에 약하답니다. 열에 의해 변형이 되는 거지요.

    광합성 이야기를 하면서 갑자기 삶은 달걀 이야기를 하니 좀 의아하죠? 이야기를 계속 들으면 왜 그런지 알게 될 것입니다.

광합성은 화학 반응

　광합성은 기본적으로 화학 반응입니다. 물론 아주 많은 화학 반응이 모여서 광합성을 합니다. 우리가 흔히 쓰는 광합성 식은 중간 과정을 모두 생략하고 나타낸 것입니다.

물+이산화탄소 → …… → 포도당+산소

　화학 반응이란 말이 나왔으니 말인데, 우리 몸속에서 일어나는 모든 현상은 대부분 화학 반응입니다. 팔을 한 번 구부리는데, 많은 화학 반응이 일어납니다. 소화도 화학 반응의 일종이고, 세포에서 영양소를 분해하는 것도 화학 반응입니다. 우리가 보고 듣는 것도 화학 반응의 결과입니다. 물론 간단히 설명될 수 있는 화학 반응은 아니지만 말입니다.
　삶은 곧 화학 반응입니다. 참 분위기 없는 말이지만 사실이랍니다.

우리 몸에는 촉매가 있다

그러나 문제는 화학 반응이 보통 때는 잘 일어나지 않는답니다. 예를 들어 볼게요. 상 위에 놓인 밥은 하루 정도 놓아두더라도 그냥 밥이지요. 이것은 밥을 이루는 녹말이 화학 반응을 일으키지 않는다는 것을 뜻합니다. 왜냐하면 화학 반응을 일으키면 변화가 일어나거든요. 밥알을 입에 넣고 씹으면 단맛이 나지요. 입에 있는 소화 효소인 아밀라아제가 녹말을 단맛이 나는 엿당으로 분해하기 때문입니다. 밥알을 놓아두면 아무 변화가 없지만 침에 있는 소화 효소인 아밀라아제에 의해서는 쉽게 분해되는 것입니다.

우리는 여기서 중요한 한 가지 사실을 알게 됩니다. 우리 몸의 화학 반응은 효소에 의해 빠르게 일어난다는 것입니다. 우리 몸에서 일어나는 모든 화학 반응에는 효소가 촉매로 작용한답니다.

__ 촉매가 뭐죠?

촉매란 화학 반응이 빠르게 일어나도록 하는 물질이지요. 우리 몸에서는 스스로 촉매를 만들어 이용하고 있습니다. 참으로 놀라운 일이죠. 여러분도 이미 알고 있는 효소 이름이 있습니다. 아밀라아제, 펩신, 트립신, 리파아제와 같은 소화 효소들 말입니다.

효소는 반응을 신속하게 하는 작용을 합니다. 다음 그림을
보세요. 화살표의 머리 부분과 꼬리 부분을 잘라 내는 화학
반응이 있다고 해요. 효소가 없다면 반응이 잘 일어나지 않
지요. 하지만 효소가 있다면 같은 반응이 매우 빠르게 일어
납니다.

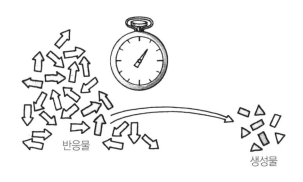

반응물   생성물

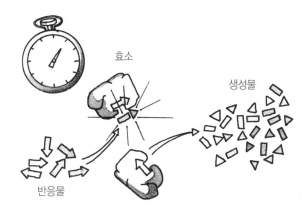

효소   생성물

반응물

여기서 한 가지 의문이 생길 것 같네요. 한 가지 종류의 효소가 모든 화학 반응이 빨리 일어나게 하는가 하는 의문 말입니다. 각 화학 반응마다 효소가 따로 있습니다. 그래서 우리 몸의 세포 하나에 들어 있는 효소의 종류는 알려진 것만 해도 2,000가지가 넘는답니다. 이는 우리 세포에서 일어나는 화학 반응이 적어도 2,000가지가 넘는다는 이야기가 되는 거랍니다. 눈에 보이지도 않는 세포 안에서 말입니다. 정말 경이로운 일이죠.

만일 우리 몸에 효소라는 촉매가 없다면 화학 반응이 거의 일어나지 않을 것입니다. 그렇게 되면 어떨까요? 우리는 손가락 하나 까딱할 수 없을 것입니다. 그렇게 되면 우리는 더 이상 살 수 없게 되겠죠.

우리 몸뿐만 아니라 모든 생물체에는 효소가 있습니다. 세균도 수많은 효소를 가지고 있습니다. 그래서 생물체와 효소는 서로 뗄 수 없는 관계에 있습니다. 지구상에 생물이 존재할 수 있는 것도 효소를 만드는 능력에 있다고 보아도 틀린 말은 아닙니다.

광합성에는 많은 효소가 작용한다

광합성에 포함되는 화학 반응에는 화학 반응 수만큼이나 관련되는 많은 효소가 있는 셈입니다. 그런데 효소는 단백질로 되어 있습니다. 아까 이야기를 시작할 때 단백질이 열에 약하다는 말을 했었죠?

그렇다면 광합성을 하는 데 주변 온도가 50~60℃에 이른다면 광합성이 잘 일어날까요? 그렇지 않지요. 높은 온도에 광합성 효소가 변형되기 때문입니다. 효소가 변형되면 촉매 기능을 잃어버린답니다. 그래서 광합성은 40℃가 넘어서는 온도에서는 급격히 속도가 떨어집니다. 광합성이 잘 일어나는 온도는 변형이 일어나기 직전의 온도입니다.

그렇다면 기온이 낮을 때는 광합성이 잘 일어날까요? 아니지요. 분자의 움직임이 느려져 효소의 작용도 떨어집니다. 즉, 효소와 반응 물질이 잘 만나기 어렵다는 것이죠.

일반적으로 화학 반응은 온도가 높을수록 잘 일어납니다. 움직임이 활발해져서 분자끼리 잘 부딪치기 때문입니다. 예를 들어, 교실 안에 할머니와 할아버지 50명이 있다고 해 봅시다. 별로 부딪칠 일이 없습니다. 왜냐하면 동작이 느리기 때문이죠. 하지만 유치원 어린이가 50명 있다고 해 봐요. 서로 부딪치고 난리가 날 겁니다. 왜냐하면 유치원 어린이들은 에너지가 많아 활발하게 움직이기 때문입니다.

마찬가지로 광합성도 기온이 낮으면 분자들의 에너지가 적어 잘 일어나지 않습니다. 그래서 광합성은 온도가 높아질수록 잘 일어납니다. 온도가 10℃ 올라가면 광합성 속도는 2배가량 증가한답니다. 높은 온도로 효소의 변형이 시작되기 전까지 증가합니다. 그러나 고온이 되면 효소가 변형되어 광합성 속도는 급격히 떨어집니다. 그래서 다음 그래프와 같이 나타납니다.

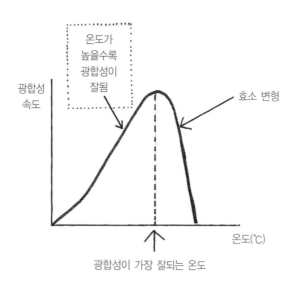

이런 현상은 식물의 호흡에도 나타납니다. 참, 호흡이 무엇이라고 그랬었던가요? 포도당을 소비하는 거라 그랬죠? 호흡도 온도가 상승할수록 활발해지는 경향이 있습니다. 그리고 광합성과 마찬가지로 온도가 너무 올라가면 호흡이 감소합니다. 따라서 호흡은 적게 하고 광합성은 많이 해야 농사가 잘되는 것입니다.

여러분은 고랭지 채소라는 말을 들어보았는지요. 대관령과 같은 고원 지대에서는 낮에는 온도가 올라가서 광합성을 잘하지만, 밤에는 온도가 급격히 내려가 호흡이 평지보다 적게 일어납니다. 결과적으로 평지의 식물보다 소비가 적은 것이죠. 이와 같은 이유 때문에 고랭지에서 자라는 채소는 수확량이 많습니다. 고랭지에서 재배되는 작물에는 무, 배추, 약초, 씨감자 등이 있는데, 평지에서 채소의 생산이 감소하는 7~9월에 출하되어 농가 소득에 도움이 됩니다.

한 가지만 더 이야기하죠. 앞의 그래프에 나타난 현상은 우리 몸의 효소에도 그대로 적용이 됩니다. 그래서 우리 몸의 온도가 40℃ 이상 올라가면 위험하답니다. 효소가 변형될 뿐 아니라 세포의 단백질도 변형이 되기 때문에 생명의 위협을 받게 되는 것입니다.

추운 겨울에는 식물이 광합성을 할 수 없습니다. 잎이 있는 상록수도 마찬가지입니다. 그러나 봄이 오면 효소들이 작용을 시작합니다. 그래서 싹이 나고 잎이 피어나며 광합성도 잘할 수 있게 된답니다. 계절 변화에 따라 식물의 삶도 변하는 거죠.

이렇듯 식물의 한살이가 계절에 따라 달라지는 것은 효소의 활동과 깊은 관계가 있습니다. 삭막했던 겨울이 지나면 꽃이 피는 것도, 그리고 여름이 되면 푸른 잎이 산과 들을 뒤덮는 것도 효소의 작용 때문입니다. 그래서 효소는 자연의 '진정한 일꾼'이라 할 만하답니다. 우리가 살아가는 것도 효소들이 열심히 활동하는 덕분이지요.

광합성에는 이산화탄소가 필요하다

여러분은 가수들이 노래 부를 때 무대 바닥에 깔리는 드라이아이스가 이산화탄소인 것을 알고 있나요? 고체 드라이아이스는 대기압에서는 녹지 않고 바로 기체로 변합니다. 그래서 흰 연기처럼 보이는 것이죠. 이산화탄소는 소화기, 구명조끼, 탄산음료 등을 만드는 데 이용되기도 하지요. 하지만 이산화탄소가 가장 중요하게 이용되는 부분은 바로 광합성입니다.

　이산화탄소가 없으면 광합성은 일어나지 못합니다. 이산화
탄소가 부족하면 그만큼 광합성이 적게 일어납니다. 우선 이
산화탄소가 광합성에 꼭 필요하다는 것을 실험으로 알아보
고 가지요. 다음은 '이산화탄소가 광합성에 필요하다'는 가설
을 증명하기 위한 실험입니다.

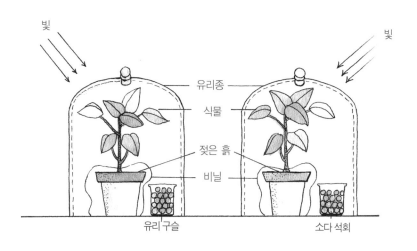

　소다 석회는 이산화탄소를 흡수하는 성질이 있습니다. 위
실험에서 소다 석회를 넣은 쪽이 오른쪽에 있으므로 오른쪽
에 있는 식물이 이산화탄소가 없는 조건이 됩니다. 왼쪽 식
물 옆에 유리 구슬은 왜 넣어 놓았을까요? 오른쪽에 넣어 둔
고체 물질 소다 석회가 있는 것을 감안하여 같은 조건을 만들

어 주기 위해서 넣어 놓은 것입니다. 화분에 비닐을 씌워 놓은 것은 양쪽의 습도를 같게 하기 위해서입니다. 이렇게 알아보는 조건 외에 다른 조건은 모두 같게 하는 것이 실험에서 꼭 챙겨야 할 일입니다. 그래야 정확한 결과가 나오지요.

시간이 지난 뒤 양쪽의 잎을 따서 알코올에 끓입니다. 엽록소를 녹여 내어 잎을 하얗게 탈색시키기 위해서이지요. 그런 다음 요오드 반응을 봅니다. 만일 광합성에 이산화탄소가 필요하다면 오른쪽 딴 잎에서는 반응이 일어나지 않아야겠죠?

이산화탄소는 공기의 0.03% 정도를 차지하고 있습니다. 공기 중에 제일 많은 것은 질소로 78.1%, 다음은 산소 20.9% 순입니다. 아르곤이 0.9% 정도를 차지하니 이산화탄소는 네 번째로 많은 기체가 되겠군요. 0.03%라고 하여 적은 양은 아닙니다. 공기 중에 있는 탄소의 양만 해도 약 6,000억 t에 이른다고 하니 말입니다.

이산화탄소의 양이 증가하면 광합성 속도도 증가한답니다. 공기 중 이산화탄소의 농도보다 몇 배를 증가시켜도 광합성이 증가했다는 연구 결과가 있을 정도입니다. 온실에서는 2배 정도로 이산화탄소의 양을 증가시켜 주기도 합니다. 너무 높이면 기공이 닫히는 등의 부작용이 나타나기 때문입니다.

어쨌거나 식물 처지에서는 지구 대기의 이산화탄소 농도는 부족하지 않나 생각이 들 것 같습니다. 왜냐하면 이산화탄소의 농도에 의해 광합성 속도가 제한받기 때문입니다. 이는 마치 다음과 같이 나무로 된 물통의 어느 한 조각이 다른 것보다 낮아서 물이 채워지지 않는 것과 같다고나 할까요.

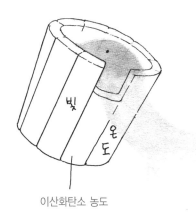

이산화탄소 농도

이산화탄소가 더 증가하면 안 된다

하지만 이산화탄소의 농도가 더 증가한다면 어떻게 될까요. 이산화탄소는 빛 에너지가 지구에 도달하였다 잘 빠져나가지 못하도록 붙잡는 효과가 있습니다. 이러한 효과를 온실효과라 부르지요. 지구가 지금처럼 온화한 기후를 가지게 된

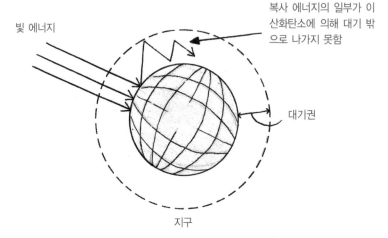

빛 에너지

복사 에너지의 일부가 이산화탄소에 의해 대기 밖으로 나가지 못함

대기권

지구

것도 이산화탄소의 공이 큽니다.

하지만 현재 너무나 많은 화석 연료를 소비하는 까닭에 대기 중 이산화탄소 농도가 올라가고 있습니다. 다음 그래프는 하와이의 마우나로아 산 정상에서 약 40년간 대기 중 이산화탄소의 농도를 측정한 것입니다.

그래프를 보면 분명 대기 중 이산화탄소의 농도가 증가하는 것을 볼 수 있습니다. 이에 따라 지구의 평균 기온은 계속 올라가고 있지요. 물론 지구의 기온 상승이 이산화탄소 때문만은 아니라 할지라도 이산화탄소가 지구 온난화의 주범이라는 것은 널리 인정되고 있는 사실입니다.

현재 극지방의 빙하가 점점 얇아지며, 그 때문에 해수면이

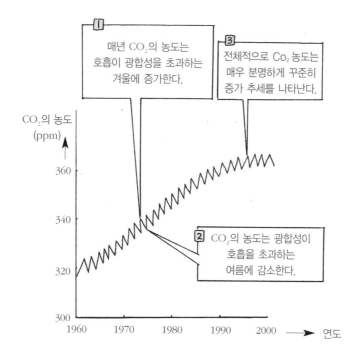

상승한다는 조사가 있습니다. 해수면의 상승으로 바닷가의
도시와 농경지가 침수될 거라고 합니다.

인간이 석유, 석탄, 가스 등의 화석 연료를 지나치게 많이
사용할 것이라는 사실을 아마도 자연은 예측하지 못하였을
것 같습니다. 자연은 식물이 다소 불만을 가지더라도 0.03%
의 이산화탄소 농도를 유지하며 인간과 자연이 더불어 사는
세상을 꿈꾸어 왔을 것이 분명합니다.

식물들도 조금은 부족하지만 자연의 뜻을 이해하고 불만

없이 광합성에 열심이었을 것 같습니다. 대기 중 이산화탄소의 농도 0.03%는 자연이 식물과 동물, 그리고 인간을 고려하여 계산해 낸 참으로 절묘한 농도인 것입니다. 하지만 우리 인간이 자연의 뜻을 거역하고 있는 것 같아 안타깝습니다.

과학자의 비밀노트

광합성에 영향을 미치는 요소

빛과 온도 : 일정한 온도에서 광합성률은 빛의 세기에 따라 증가하다가 어느정도 빛이 강해지면 더 이상 증가하지 않으며, 강한 빛에서는 한계 온도까지 증가하다가 그 후 떨어지고, 약한 빛에서 온도는 광합성률에 영향을 거의 끼치지 못한다.

이산화탄소 : 보통 약 3%의 이산화탄소 농도에서 광합성 반응이 최대가 되며, 현재 대기 중 이산화탄소 농도(0.03%)로도 식물의 광합성에는 충분하다.

물 : 최종 산물인 포도당에 수소를 제공하며, 가수 분해의 부산물인 산소를 다른 생물이 호흡에 이용한다.

그 외 요소 : 잎의 형태, 잎의 질소 함유량, 전자운반체(NADP, FAD) 등

선생님, 달걀은 날것일 때는 투명하고 끈적끈적한 액체인데 왜 삶으면 하얗게 굳어지나요?

그건 달걀흰자를 구성하는 영양소가 단백질이기 때문이에요.

단백질은 열을 가하면 변형이 되는데, 달걀의 굳은 정도나 빛의 투과성이 달라져 희게 변하는 거예요.

네, 단백질이 열에 약하군요.

식물의 광합성도 온도에 영향을 많이 받아요. 온도가 너무 높아지면 단백질로 되어 있는 광합성 효소가 변형되기 때문이지요.

다른 화학 작용은 온도가 높을수록 활발해진다고 알고 있는데, 광합성은 아닌가요?

맞아요. 광합성도 어느 범위 안에서는 온도가 올라갈수록 속도가 활발해지지요.

어느 범위까지인가요?

효소가 변형되기 직전까지예요. 그보다 높아지면 효소의 변형이 일어나 광합성 속도가 급속히 떨어지지요.

광합성만 온도에 영향을 받나요?

아니에요, 식물의 호흡도 마찬가지예요. 온도가 높아질수록 활발해지지만 너무 올라가거나 내려가면 감소하지요.

뭐든 적당해야 하는 거군요.

한 번 가면 **다시 안** 와요

생물은 계속해서 에너지를 얻어야 살 수 있습니다.
생태계에서 에너지의 흐름에 대하여 알아봅시다.

마지막 수업

한 번 가면 다시 안 와요

엥겔만이 지구본을 가지고 와서
마지막 수업을 시작했다.

태양의 빛 에너지는 지구에 도달합니다. 그리고 지구에 온 에너지는 다시 빠져나갑니다. 태양에서 지구로 에너지가 들어온 만큼 에너지가 다시 나갑니다. 이른바 복사 평형이라고 불리는 현상입니다. 만일 지구로 들어온 에너지가 나가는 에너지보다 많다면 지구는 점점 더워질 것입니다. 받은 만큼 내보내는 것이 태양과 지구의 에너지 관계랍니다.

식물이 광합성으로 에너지를 흡수하고 우리는 그 에너지를 이용합니다. 우리가 사용한 에너지도 열로 바뀌어 결국에는 지구를 떠납니다. 지구로 온 태양 에너지는 그것이 어떻게 이용되었든 결국에는 지구를 떠납니다. 그러므로 생물은 끊임없이 에너지를 얻어야 살아갑니다. 다행히 태양이 계속하여 에너지를 공급해 줌으로써 생물이 살아갈 수 있습니다.

생물은 계속하여 에너지를 얻어야 산다

두 번째 수업에서 우주는 무질서해지는 경향이 있다고 이야기한 적이 있습니다. 에너지 중 열은 가장 무질서한 상태랍니다. 우리가 포도당에 있는 에너지를 이용하면 그 에너지는 결국에는 무질서한 열이 되어 몸 밖으로 나가게 된답니다. 한 번 공기 중에 퍼져 버린 열은 우리 몸에서 다시 사용하기 어렵답니다. 포도당에 있는 에너지, ATP에 있는 에너지 등은 우리가 이용할 수 있습니다. 그러나 열로 날아가 버린 에너지를 다시 사용할 수는 없습니다. 그래서 우리는 계속하여 광합성에 의존하여 에너지를 얻어야 합니다.

대기권에 도달하는 태양 에너지의 50% 정도만 지구 표면에 도달하고, 광합성으로 사용되는 에너지는 1%도 안 된답니다. 이 양은 적은 것처럼 보이지만 1,500~2,000t가량의 유기물을 만들 수 있는 에너지랍니다.

이미 이야기했듯 식물이 이용하는 태양 에너지는 가시광선입니다. 가시광선이 식물의 잎에 닿으면 광합성을 합니다. 식물은 광합성을 통해 포도당과 같은 유기물을 생산하기 때문에 생산자라는 별칭이 붙어 있습니다. 또는 독립 영양 생물이라고도 한답니다. 스스로 영양소를 만들어 살아갈 수 있다는 의미랍니다.

반면에 사람과 같은 동물은 식물에 의존하여 살아갑니다. 그래서 소비자라는 별칭을 갖게 되었고, 종속 영양 생물이라고 불리기도 한답니다. 사람은 식물에 의존하여 산다는 의미를 갖고 있죠.

한편, 미생물은 동물이나 식물을 분해하여 산다고 해서 분해자라는 별칭을 갖고 있습니다.

이런 생각을 해 봅니다. 사람이 엽록체를 가지고 있어 광합성을 할 수 있다면 적어도 굶어죽는 일은 없을 거라는 생각 말입니다. 지금도 지구상에는 많은 어린이가 허기진 배를 안고 잠에 든답니다. 사람에게 엽록체가 있다면 그런 일은 없을 것입니다. 하지만 엽록체가 있다면 몸은 녹색이 되겠죠? 그러니 등같이 잘 안 보이는 부분에 엽록체가 있다면 어떨까 해요.

어떤 유전 공학 강연회에 갔더니 강사님이 그러더군요. 유전 공학적으로 사람에게도 엽록체가 있게 하면 어떻겠냐고요. 상상이지만 언젠가 그런 날이 올지도 모르겠다는 생각을 합니다. 인간이 상상했던 일 중 많은 부분이 현실이 되었으니까요.

생태계에서 에너지는 일방적으로 흐른다

식물이 광합성으로 받아들인 태양 에너지가 생태계에서 어떻게 이동하는지 살펴보도록 하겠습니다.

먼저 초식 동물이 식물이 가지고 있는 에너지를 가져갈 것입니다. 다음으로 육식 동물이 초식 동물을 잡아먹음으로써 에너지는 초식 동물에서 육식 동물로 전달될 것입니다. 예를 들면 풀이 가지고 있는 에너지를 메뚜기가 가져갑니다. 메뚜기를 개구리가 잡아먹고, 개구리는 뱀에게 잡아먹힙니다. 그래서 에너지가 풀 → 메뚜기 → 개구리 → 뱀 순으로 전달되어 가는 것이죠.

그런데 여기서 중요한 사실이 있습니다. 그것은 생산자가 가지는 에너지를 초식 동물이 10% 정도밖에 못 가져간다는 것입니다. 마찬가지로 육식 동물도 초식 동물이 가지는 에너지를 10% 정도밖에 못 가져간다고 합니다.

여기에는 2가지 이유가 있습니다. 하나는 사용한 에너지는 열로 빠져나가기 때문에 다음 단계로 갈 수 없습니다. 예를 들어 개구리가 살아가면서 이용한 에너지는 뱀에게 전달될 수 없다는 거죠. 또 한 가지는 개구리의 배설물에 포함된 에너지와 개구리가 죽었을 때 사체로 가지고 있는 영양소는 뱀이 가져가는 것이 아니라 미생물이 차지한다는 것입니다.

다음 그림을 봅시다. 초식 동물, 그러니까 1차 소비자인 소가 1년에 섭취하는 에너지가 913kJ(킬로줄)이라면 호흡으로 305kJ이 빠져나가고 배설물로 571kJ이 나갑니다. 나머지 37킬로줄만 소를 먹는 동물, 즉 2차 소비자에게 갈 수 있다는 것이죠.

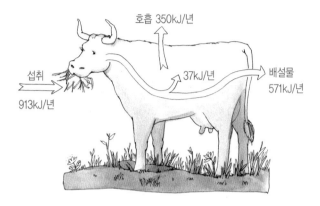

이렇게 먹이 연쇄를 따라 전달되는 에너지의 양은 점점 감
소합니다. 이렇게 감소하는 모습이 마치 피라미드와 같아서
에너지 피라미드라고 합니다.

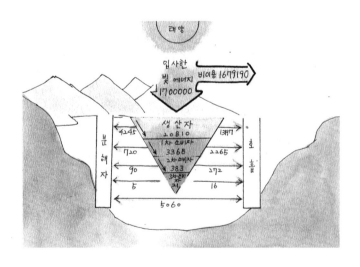

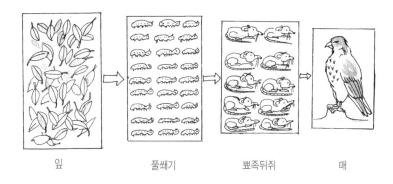

| 잎 | 풀쐐기 | 뾰족뒤쥐 | 매 |

그래서 생산자, 1차 소비자, 2차 소비자의 개체 수도 피라미드를 이룰 수밖에 없습니다. 위의 그림을 보세요. 10마리의 뾰족뒤쥐를 먹여 살리기 위해서는 수백 마리의 풀쐐기가 필요하다는 것입니다. 마찬가지로 한 마리의 매가 살기 위해서는 여러 마리의 뾰족뒤쥐가 필요하죠. 그래서 생산자의 수가 많고 소비자의 수가 적은 것이랍니다. 참새보다 매의 수가 적고 토끼보다 호랑이 수가 적은 이유를 이제 알 수 있을 것입니다. 맹수일수록 수가 적은 까닭도 여기에 있습니다.

이와 관련하여 한 가지 생각을 해 보죠. 똑같은 넓이의 옥수수밭이 있을 때 사람이 직접 옥수수를 먹는 경우와 옥수수를 소에게 먹여서 소를 잡아먹는 경우를 비교할 때 어느 쪽이 더 많은 사람을 먹여 살릴 수 있을까요? 답은 사람이 직접 옥수수를 먹는 것이랍니다. 왜 그럴까요? 소를 먹을 경우 옥수

빛

수로부터 얻을 수 있는 에너지 중 많은 양을 소가 소비하기 때문입니다. 그러므로 식량이 부족한 나라일수록 육식을 하지 말고 채식을 해야 하는 거랍니다.

지구상에는 수많은 생물이 태어나고 죽습니다. 한 생물은 태어나서 자라고 죽을 때까지 에너지를 필요로 합니다. 무질서해지려는 우주의 법칙에 대항하여 몸을 만들고 조절하면

서 살아가야 하기 때문입니다. 그리고 생물이 이용했던 에너지는 다시는 생물이 이용할 수 없습니다. 그래서 생물체는 계속하여 에너지를 필요로 한답니다. 계속적인 에너지 공급은 광합성이 있기에 가능한 것이랍니다.

지구에서 가장 거대하지만 소리 없는 공장, 아무런 오염 물질도 배출하지 않는 공장, 모든 생물을 부양하는 식량 공장, 광합성. 오늘도 광합성이라는 공장에서 묵묵히 일을 하는 식물들에게 한없는 고마움을 표하며 이야기를 마칩니다.

와~, 맛있겠다!

과일이 정말 잘 익었네.

과일에는 식물이 광합성으로 받아들인 태양 에너지가 저장되어 있다는 걸 알고 있나요?

정말이요?

네. 이렇게 저장된 에너지는 생태계에서 계속 이동하게 됩니다.

광합성 유기물 생산 〈생산자〉

〈분해자〉 동식물을 분해

소비자

어떻게 이동하는 거죠?

일반적으로 식물의 에너지를 초식 동물이 먹고, 또 초식 동물은 육식동물에게 먹히지요.

에너지가 풀 → 메뚜기 → 개구리 → 뱀 순으로 전달되어 가는 거 맞지요.

맞아요. 그런데 중요한 건 생산자가 가진 에너지를 초식 동물이 10% 정도만 가져가고, 마찬가지로 육식 동물도 초식 동물이 가진 에너지를 10% 정도만 가져간다는 거예요.

왜 그런 거죠?

육식 동물
초식 동물
생산자

10%만 가져감

예를 들어, 초식 동물인 소가 1년에 섭취하는 에너지가 913kJ이라면 호흡과 배설로 일부 에너지가 나가고 나머지 37kJ만 소를 먹는 육식 동물에게 갈 수 있다는 거예요.

네.

섭취 913 KJ

호흡으로 305 KJ 빠져나감

배설로 571 KJ 빠져나감

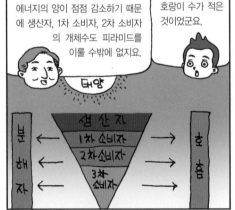

이렇게 먹이 연쇄를 따라 전달되는 에너지의 양이 점점 감소하기 때문에 생산자, 1차 소비자, 2차 소비자의 개체수도 피라미드를 이룰 수밖에 없지요.

그래서 토끼보다 호랑이 수가 적은 것이었군요.

태양

분해자

생산자
1차 소비자
2차 소비자
3차 소비자

호흡

광합성과 광 파장의 관계를 연구한 엥겔만
Theodor Wilhelm Engelmann, 1843~1909

광합성과 광 파장의 관계를 연구한 과학자 엥겔만은 독일의 라이프치히에서 태어났습니다. 아버지는 저명한 출판업자였으며, 어머니는 역사가인 프리드리히 하세의 딸이었습니다.

엥겔만은 1861년부터 예나 대학에서 비교 해부학·생리학·식물학을 공부했습니다. 나중에 하이델베르크 대학과 괴팅겐 대학에서도 공부했으며, 1867년에 라이프치히 대학에서 각막의 해부에 관한 논문을 써서 의학 박사 학위를 받았습니다.

그의 가장 위대한 업적은 엥겔만의 실험입니다. 엥겔만 실험은 광합성에 적합한 빛의 파장을 알아낸 고전적인 실험입

니다. 엥겔만은 빛의 분산 현상과 긴 모양을 가진 조류
(algea)인 해캄(Spirogyra), 호기성 세균(aerobic bacteria)을
이용하여 실험을 계획했습니다.

　호기성 세균이란 산소를 좋아하는 세균으로, 산소가 많은
곳에 모이는 성질이 있습니다. 광합성이 활발하게 일어난다
면, 산소가 많이 만들어지고 그곳으로 호기성 세균이 모이게
됩니다. 백색광을 프리즘에 통과시켜 분산시키고, 분산된 빛
을 긴 모양의 해캄에 쪼여 해캄의 각 부분이 다른 파장의 빛
을 받을 수 있게 합니다. 그런 후 호기성 세균의 움직임을 관
찰해 보니 빨간색의 빛(650~680nm)과 보라·파란색의 빛
(430~460nm)으로 모이는 것을 관찰할 수 있었습니다. 이를
통해 빨강과 보라·파랑 색의 빛이 광합성에 주로 쓰인다는
것을 보여 주었습니다.

　엥겔만은 1888년 네덜란드의 위트레흐트 대학의 교
수가 되어 생리학을 가르쳤으며, 1897년부터는 베를린
대학의 교수를 지냈습니다.

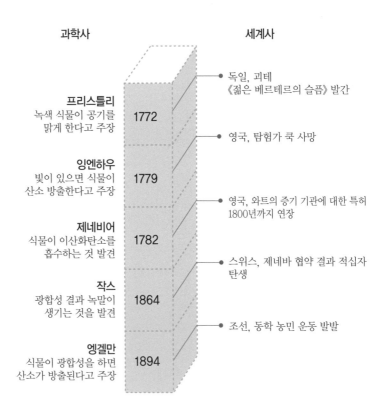

과학사

세계사

● 독일, 괴테
《젊은 베르테르의 슬픔》 발간

프리스틀리
녹색 식물이 공기를
맑게 한다고 주장

1772

● 영국, 탐험가 쿡 사망

잉엔하우
빛이 있으면 식물이
산소 방출한다고 주장

1779

● 영국, 와트의 증기 기관에 대한 특허
1800년까지 연장

제네비어
식물이 이산화탄소를
흡수하는 것 발견

1782

● 스위스, 제네바 협약 결과 적십자
탄생

작스
광합성 결과 녹말이
생기는 것 발견

1864

● 조선, 동학 농민 운동 발발

엥겔만
식물이 광합성을 하면
산소가 방출된다고 주장

1894

1. 식물은 이산화탄소와 ☐ 을 원료로 하고, ☐☐ 을 에너지로 이용하여 광합성을 합니다.
2. ☐☐ 는 탄수화물의 뼈대가 되는 원소입니다.
3. 광합성은 잎의 세포에 있는 ☐☐☐ 에서 일어나며, 엽록소라는 색소가 있어 ☐ 을 흡수합니다.
4. 잎의 뒷면에는 ☐☐ 이 있어 이산화탄소를 흡수합니다.
5. 줄기에는 물관과 체관이 있는데, ☐☐ 으로는 광합성으로 생긴 양분이 이동하고, ☐☐ 으로는 물이 이동합니다.
6. 광합성은 빛 에너지를 ☐☐ 에너지로 바꾸는 과정입니다.
7. 효소는 ☐☐☐ 로 되어 있어 열에 약합니다.

1. 물, 햇빛 2. 탄소 3. 엽록체, 빛 4. 기공 5. 체관, 물관 6. 화학 7. 단백질

광합성의 원리를 이용한 태양 전지

전 세계에서 석유가 점점 부족해질 거라는 우려가 높아지고 있습니다. 석유 값이 수시로 폭등하면서 세계는 다시 한 번 석유 위기를 겪을까 봐 불안해하고 있지요.

'자원 전쟁'이라는 말이 있듯이, 에너지 분야에서 전 세계 국가들이 벌이는 신기술 경쟁은 가히 전쟁을 방불케 합니다. 우리나라도 정부와 지방 자치 단체들이 앞다퉈 태양광에서 차세대 에너지원을 찾으려 애쓰고 있습니다.

태양 에너지를 이용하려는 연구도 활발합니다. 그중 하나가 염료 감응형 태양 전지로 유기 염료와 나노 기술을 이용하여 고도의 에너지 효율을 갖도록 개발한 태양 전지입니다.

연료 감응형 태양 전지 기술은 식물의 광합성 원리를 응용한 것입니다. 엽록소가 햇빛을 받아들이면 에너지를 많이 가지고 있는 전자를 방출합니다. 엽록소도 하나의 색소입니다.

이 태양 전지는 햇빛을 받으면 엽록소처럼 빛을 받아들여 에너지를 많이 갖는 전자를 만들어 내는 색소를 이용하는 것입니다. 이 색소에 햇빛을 쪼여 주면 에너지가 많은 전자가 나오고, 이 전자가 갖는 에너지를 유용하게 이용하는 것입니다.

이 기술은 기존의 태양 전지와 달리 반투명하게 만든 건축물이나 휴대 전화 등에 다양하게 사용할 수 있으며, 기존의 태양 전지에 비해 제조 단가를 20~30% 수준으로 낮출 수 있다는 장점을 가지고 있습니다. 낮에 빛을 받아 저장했다가 저녁이 되면 가로등을 켜는 데도 이용할 수 있습니다.

그리고 연료 감응형 태양 전지 기술을 이용하면 산에서 조난을 당한 채 휴대 전화가 방전되어도 빛만 있으면 구조를 요청할 수 있습니다. 또 뜨거운 여름날, 태양 빛으로 냉방을 유지하는 날이 머지않다고 믿고 있습니다.